生態系を蘇らせる

鷲谷いづみ *Izumi Washitani*

NHK BOOKS
[916]

NHK出版【刊】

生態系を蘇らせる

〔目　次〕

第二章　生態系観の変遷

序章

今なぜ、生態系か

オシドリとペンギンの奇妙なくみあわせ

地球に暗い影を投げかけるもの

哺乳《ほにゅう》動物霊長類の一種としての人間は、ホモ・サピエンスという学名とヒトという和名をもつ。人口、すなわちヒトの個体数は現在六〇億を超え、ヒトはこの地球上では圧倒的な優占種、すなわち個体数やバイオマス（生体量のこと。通常、乾燥重量であらわす）において他を圧倒的に凌駕《りょうが》する種となっている。その優占種としてのヒトの活動は、今では地球とそこで生活するすべての生物の運命に大きな暗い影を投げかけるものとなっている。

地球上での三八億年におよぶ生命の歴史の時間的スケールから考えれば、このような事態が生じたのは、ごく最近の、文字どおり一瞬のことである。しかし、地球とそこで産まれた生命が、気の遠くなるほどの長い時間をかけて営々と築いてきた地球の生命の歴史とその結果としての生態系が、一瞬のうちに否定され、大きく変質しようとしているのが、現代という時代である。

現代のヒトは、科学技術にたよって生物としての制約を大きく超えた資源利用に依存した生活をおくっている。しかし、数千年ほど前の、主に狩猟採集で生活をなりたたせていた時代、すなわち世代でいえば数百世代前までは、一平方キロメートルあたり一～一・五人ていどの人口密度であったと推測され、他の哺乳動物とそれほどには大きく違わない資源利用によって生活していたと考えられる。

哺乳動物の生息密度は、個体が十分な餌《えさ》をとるのに必要な面積によって決まるため、その体重に大きく依存する。カナダの生態学者、R・M・ピーターズは、哺乳動物の種類ごとの平均体重と生息密度のデータから、種の生息密度と平均体重との関係式をもとめた。それを、草食動物と肉食動物にわけて図示したのが左図である。草食動物の餌である草は生息空間にまんべんなく分布する。ところが、肉食動物の餌となる動物は、量も数も少なく、偏って分布し、しかも餌食《えじき》にならないように逃げてしまう。そのため、同じ体重の一頭の動物が餌をとるのに必要な土地の面積は、後者においてずっと大きく、同じ面積で生活できる個体数、すなわち期待される生息密度はずっと低い。

私たちの現在の食生活からもわかるように、ヒトは雑食性の動物である。つまり、草食動物と肉食動物との中間の性質をもっていると考えられる。ヒトの平均体重をかりに六五キログラムとする

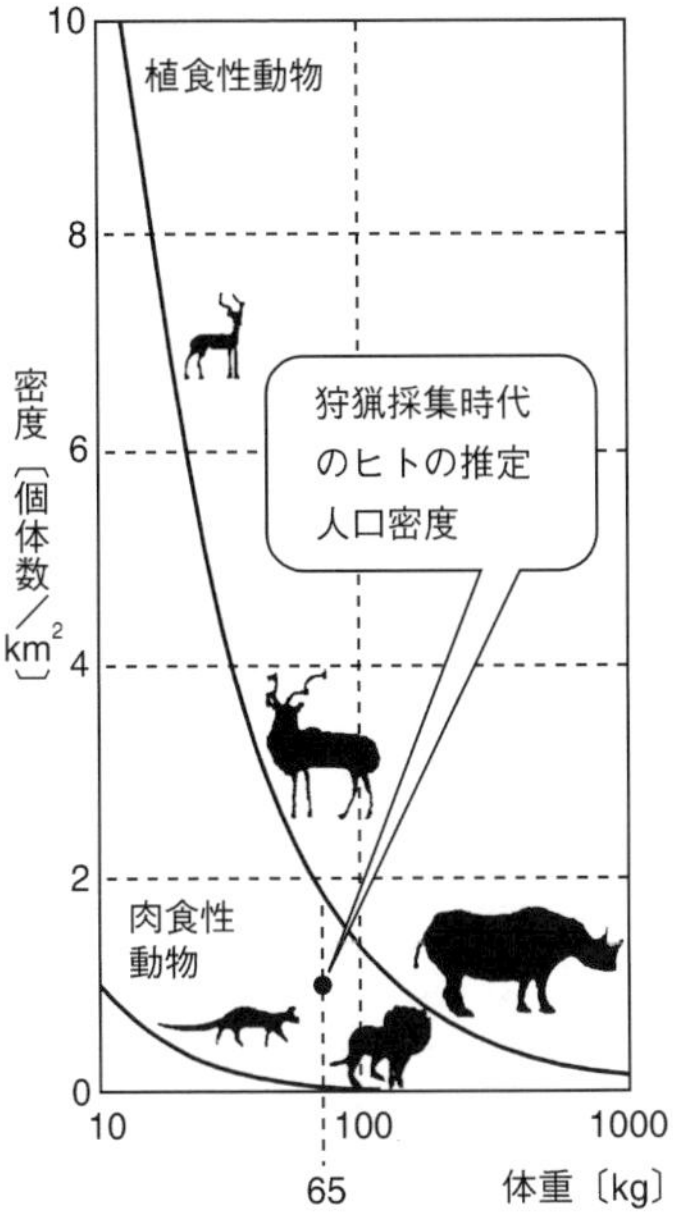

野性の哺乳類の生息密度と体重の関係。
それぞれの動物が1㎢あたりどのくらい生活できるかを示す。例えば、体重30kgのシカは約6頭が住める。狩猟採集時代の推定人口密度の1.5人／㎢は、雑食性の哺乳類の値として例外的なものではなかったが、現在の人口密度は44人／㎢に達している（Peters, 1983より）。

と、狩猟採集経済の時代の人口密度、一～一・五人ていどというのは、図にあらわされた一般法則からみても、雑食性の哺乳動物の妥当な生息密度であったということができる。

しかし、国連の推計（一九九七年）などによれば、わが国の人口密度は、一平方キロメートルあたり三三八人、バングラデシュでは八四七人、アメリカ合衆国では二九人である。哺乳類としての自然の制約を超える過密な「生息密度」は、高度な技術をつかって作物だけを集約的に育てる農業により、同じ面積の土地から得られる食料、すなわち「餌」量を圧倒的に多くできたことにくわえて、地域外から食料、エネルギー、その他の資源を得ることで可能になったものである。その意味で現代のヒトは、実際に生活している土地だけでなく、空間的にはなれた土地の生態系をも広く利用しながら生活しているといえる。

浪費というライフ・スタイル

食料とそれをとったり狩ったりするために必要な道具、わずかな服飾品、雨露をしのぐねぐらの材料ていどのものを生態系から調達すればよかった狩猟採集経済時代のヒトとくらべて、現代のヒトは、はるかに多くの資源を消費しながら暮らしている。成人病や肥満に悩む現代の先進国のヒトは、哺乳動物として普通の栄養摂取量を大きく超えた栄養を摂取しているし、生活全般にわたるエネルギーの消費量は、狩猟採集時代の人類の五〇倍にも達するものと推算される。

増加しつつある人口、一人あたりが消費するエネルギーや各種の資源、それらを得るための生態系への働きかけ方、そのいずれもが狩猟採集経済の時代とは比較にならないほどのものとなっている。そして、地域や社会によって大きな差異はあるものの、ヒトによる資源やエネルギーの消費は、全体として地球の生態系の大きな負担となり、温暖化など気候の大きな変動をもたらし、多くの動植物を絶滅に追いこむ根本の原因となっている。

資源消費量やその様式は、地域や社会のあいだの差違が非常に大きいだけでなく、同じ社会の中でも相当大きな個人差が存在する。そして、人間らしいヒトの生活、あるいは質の高い人生にとって、どこまでが必要な「消費」かという問題については、地域や社会のレベルでの検討や改革がもとめられる一方で、個人の生活思想やライフ・スタイルの問題として検討すべきことも少なくない。

「浪費するアメリカ人」からの決別

現在、人口一人あたりのエネルギー消費量のもっとも大きい国はアメリカ合衆国である。地球の人口のすべてがアメリカなみの生活をしたら、地球はとてももたないともいわれている。

しかし、アメリカ合衆国で現在消費されているエネルギーや資源は、そのすべてがアメリカン・ドリームとよばれる豊かなアメリカ人の生活水準をたもつために必要なものというわけではない。社会調査が暴きだす「浪費するアメリカ人」の実像は、その消費のかなりの部分が個人的な浪費にすぎないことを物語っているし、また膨大な軍事投資などを考えても、社会をあげての浪費が非常に大きなものであることは周知のとおりである。しかも、アメリカン・ドリームに描かれるような物質的な豊かさを前提にしなければ、心豊かで幸せな暮らしがなりたたないものなのかどうか、それについても大きな疑問が残る。

その部分の浪費的な消費をふくめて、社会的、個人的浪費のすべてをすっかりはぎとってしまえば、「一つの地球」の中で、地域の違いを超えて人々が幸せに心豊かに暮らしていくことができると考えるのは、はたして楽観論だろうか。もちろん、適正な人口という問題も同時に解決しなければならないのだが、先進国ではすでに人口増加に歯どめがかかっており、「女性の地位の向上」という政策が世界中で強力におしすすめられれば、一世代か二世代のうちにおのずと十分な制御がかかることが期待できそうである。

おそらく、膨大なあらゆるタイプの浪費を、社会として、また個人としてどのように減らしていくか、それが生態系としての地球の命運、地域ごとに固有な生態系の命運を大きく左右する。その調整は、社会システムの問題であると同時に、個人の生活思想やライフ・スタイルの問題でもある。ヒトが人間らしく幸せに生きることに必要不可欠な資源、エネルギー、そして環境の条件を確保するための「必要性」を、現代のヒトの生活にまとわりついているさまざまなタイプの浪費や濫用《らんよう》から峻別《しゅんべつ》する目をもつことは、むずかしい環境の問題を解決し、人類の存続性を保障するうえでもっとも基本的なことであるように思われる。すなわち、「浪費の思想」からの決別は、生態系保全にとってもっとも確実な途《みち》であると思われる。

私がそのようなことを強く感じたのは、数年前に数日ずつ、アメリカ合衆国の西海岸の内陸部にあるラスベガスとロッキー山脈の山中を旅したときであった。その思い出話から本書の序章をおこしてみたい。

享楽の寄生都市・ラスベガス

旅客機がロサンゼルスを飛びたつと、まず、眼下に林立する風力発電の風車が私の目をひいた。今では、日本でも自然エネルギーの利用を考えたり、それを実践する地域や人々が増えてきたが、一九九八年当時の日本では、それはまだあまり見慣れない光景であった。

緑におおわれた山並みを越えていくと、次第にはがれるように緑が薄くなり、眼下には、やや赤みを帯びた白い砂漠がどこまでもひろがりはじめる。砂漠の中には、ひっかき傷をどこまでものばしたようなハイウェイが続き、それらの線状の傷はあちこちで交差しつつ、不思議な幾何学模様を描きながら、はてしなくのびていく。ところどころ、コンパスで正確に円を描き、その中を緑の絵の具で塗ったような灌漑《かんがい》農地がいくつも目にはいる。

どこまでも続く不毛の砂漠に縦横にハイウェイが走り、灌漑によって農業が営まれ、そこにヒトが住んでいるという景観は、ヒトが砂漠という厳しい自然を、高度な科学技術によって「克服して」つくられたものである。そんな砂漠のまっただ中に、緑の幾何学模様がひときわめだつ都市が忽然《こつぜん》とあらわれる。ラスベガスである。

すみずみまで冷房のきいた空港に降りたつと、そこはまるで巨大なアミューズメント施設だ。空港のあちらにもこちらにもゲーム機がならび、色とりどりの光と賑《にぎ》やかな電子音が飛びかう。ある人はそれを、滞在中すでにカジノでさんざん有り金をまきあげられた客から、最後の一セントまで搾《しぼ》りとるための仕かけと説明した。砂漠の中に仕かけられた大きな罠《わな》ともいえるラスベガスにふさわしい空港の光景である。

空港からバスで街にでると、目に映るのは、スフィンクス付きのピラミッドやジェットコースターを建物のまわりにめぐらせた「ニューヨークの高層ビル街」などだ。そんな巨大なホテル群が、派手な色あいと奇抜さで私たちに執拗《しつよう》に迫ってくる。野生植物の生活の研究を仕事にしている私にとって、その居心地の悪さは、それを表現する言葉を探すのもむずかしいほどであった。

昼間の気温が四〇度を超える砂漠のまん中の都市だというのに、ホテルに一歩ふみこめば、どこも肌寒いほど冷房がきいている。ホテル一階の広い面積を占めるカジノは、ルーレットやカードのテーブルを囲んだり、スロットマシンなどのゲーム機の前に座る人々であふれかえっている。昼間から賭博《とばく》にうち興じている年輩の人が多いこと、それに、彼らがおしなべて驚くほどの肥満体であることに気づく。子どもたちまでがゲーム機の前に座ったりカジノの中を走りまわっている。子連れで賭博に夢中になっている若い夫婦の姿にも目がとまる。ごく最近、七五セントの掛け金で一五億ドルを獲得した人がいる、ということをアピールする張り紙がでている。となると、合計すれば一五億ドルをはるかに超えるほどの掛け金を損した人々がいた、ということなのだろう。

ホテルの奇妙な生態系

肥満体の人ばかりが目につく理由は、ホテルのビュッフェに足をふみいれると、すぐに納得がいった。そこには、朝食や昼食をビュッフェ・スタイルでとる人々が、幾種類もの料理をもりあげた皿を何枚も前にしてテーブルについていた。長いカウンターには、まるで人々の際限なき食欲を誘うかのように、ありとあらゆるタイプの食べ物がもられた大皿やつぼがならべられている。このような食事がヒトの体の肥満度におよぼす効果は、ここに記すまでもないだろう。

私がたまたま宿泊した日本人観光客の多いホテルでは、庭には人工のラグーンがしつらえてあり、池のまわりをヤシの木が縁どり、フラミンゴの群れが遊んでいた。池のまわりの植えこみには、ソケイ、スイカズラ、ローズマリーなどが思い思いの花を咲かせている。フラミンゴの群れにはまったく関心を示さず、悠然と池を泳いでいるのはオシドリ、池の縁の擬岩のテラスで気を付けの姿勢でたっているのは、フンボルト・ペンギンたちだ。おそらく、同じ気候帯や生態地域の中で、生物間相互作用をおよぼしあいながらともに進化した生物種からなる生物群集といったような、私たち生態学の

奇妙な生態系のホテルの庭。

ラスベガスの夜景。きらびやかにライトアップされた建物が、夜空に浮かびあがる（写真提供：JTB フォト）。

研究者がこだわりをもつ事柄への考慮など一切なしに、一般によく知られた人気のある動植物を適当に集めると、この庭の「生態系」にみられるような生き物たちのくみあわせができあがるのだろう。

庭は、その全体を建物で囲まれているわけではなく、上方と側方の二面が開けた開放空間になっているのに、エアカーテンにより空調が施され、砂漠気候特有の乾燥を和らげるため人工的な霧が吹きあげられている。オシドリやペンギン、そしてその何倍もの数のヒトが、砂漠特有の暑さや乾燥を忘れていられるために消費されているエネルギーたるや、膨大なものであるにちがいない。この奇妙な生態系は、膨大な電気エネルギーを費やすことによって維持されており、その電気エネルギーは、膨大な量の水を世界一の巨大ダム、フーバー・ダムをせきとめることで得られているのである。

砂漠の昼間の暑さと乾きを現代の高度なテクノロジーで克服したこの町は、夜の暗さをも完膚《かんぷ》無きまでに克服している。きらびやかなネオンサインの類《たぐい》は、日本の大都市の繁華街の比ではない。

ショッピング街の中には、朝から夜までの光や雲の変化を模して、明るさが刻々と変化するイミテーションの空をいただくものまである。

そして夜を徹して街のあちこちで、大げさできらびやかなショーがくりひろげられる。いくつか例をあげれば、いすに座ったバッカスをとり囲むギリシャの神々が、顔の表情を変えながらおしゃべりをするショー。水や炎で爆発が演出される火山のショー。海賊たちが戦いを展開する海賊船のショー、などである。おびただしい数のカジノの中も、夜を徹して光と音でみたされ、ラスベガスは文字どおり眠ることのない都市である。

フーバー・ダムが生みだす夢

人々の享楽的な欲望を中途半端にみたしつつ、闇の世界へと流れていく貨幣を集めるために砂漠の中につくられたこの都市は、フーバー・ダムが供給する電力と水でなりたっている。ロッキー山脈から流れだすコロラド川の水を、フーバー・ダムによって砂漠の中に貯め、その水のもつエネルギーを電力に変え、あるいは水そのものを文字どおり湯水のように消費することで、砂漠のホテルの庭にペンギンを飼い、街中のミニチュア火山を爆発させ、さらには、肥満した老若男女が群がるカジノという不夜城を栄えさせる。さらに、砂漠の中の灌漑農業が、そこに集う人々の食欲をみたすのである。

高さ二二一メートル、堤体積三三六万立方メートル、貯水池であるミード湖の総貯水量三六七億

アメリカの誇る巨大ダム、フーバー・ダム。

立方メートルという巨大なフーバー・ダムは、日本にあるすべてのダムの貯水量をあわせたよりも多くの水を貯める巨大ダムである。フーバー・ダム直下の発電所で最大出力一三五万キロワットの発電をし、その水は、灌漑農業およびロサンゼルス市の都市用水などに多目的に利用されている。一九三五年に完成したこの重力式アーチダムの建設は、当時のアメリカ合衆国の威信をかけたものであると同時に、アメリカン・ドリーム実現への期待を集めるものでもあった。建設にさいしては画期的な技術開発が行われ、現在でもダム技術の基本となっている模範的工法を確立したといわれている。

ダムの建設によって砂漠の中に広大なミード湖が誕生した。蒸発で水の失われやすい砂漠のことであるから、電力と水の供給につかわれるよりずっと多くの水を貯めなければならない。一般に、ダムの寿命はそれほど長いものではない。上流から運ばれてくる土砂が貯水湖を埋めてしまうからである。フーバー・ダムは、つくられた当初、土砂で埋まるまでの寿命は三〇〇年とされた。しかし、本書の第六章でその管理の問題をとりあげるグレン・キャニオン・ダムが上流に建設され、土砂が貯められるようになったので、コンクリートの耐用年数まで寿命はのびることになったが、それもそれほど長いものではないようだ。

グレン・キャニオン・ダムとフーバー・ダムのあいだには、世界的な景勝地で特殊な生態系をなすグランド・キャニオン・ダムがひろがっている。第六章で詳しく述べるように、グレン・キャニオン・ダムがグランド・キャニオンの自然にあたえる影響を考慮して、現在、その運用についてみなおしがすすめられている。一方、二つのダムが下流への土砂供給をとめたため、河口部では海岸浸食がすすむなどの問題が深刻化しているという。

ゴーストタウンでの生活

砂漠の中の危うい不夜城ラスベガスを訪れたのは一九九八年の夏であったが、その前年の夏には、当時共同研究者であったニューヨーク州立大学のジェームズ・トムソン教授をコロラド州ロッキー山脈の山中に訪ねた。当時、私たちの研究室はトムソン教授と、北海道の日高《ひだか》地方をフィールドとして、サクラソウとトラマルハナバチの関係についての共同研究をすすめていた。その打ちあわせのための訪問である。

昆虫生態学を専門とするトムソン教授は、毎年夏の三ヶ月間、大学のあるニューヨーク州からはなれ、夫人と三匹の愛猫とともに、ロッキー山脈山中の標高三〇〇〇メートルの地アーウィンですごすことにしている。トムソン教授は当時、進化生態学部の学部長という要職にあったが、その夏の三ヶ月も、そこで研究三昧の毎日をおくっていた。

コロラド・ロッキーの一帯には、ゴールド・ラッシュやシルバー・ラッシュが残したゴーストタウンがいたるところにみられる。富士山山頂ほどの高地にある町の廃虚《はいきよ》や鉄道網の痕跡《こんせき》は、金銀に対する人々の執着がいかに強いものであるかを今に示す証《あかし》である。教授の夏の家があるアーウィンも、シルバー・ラッシュの後に残されたゴーストタウンの一つである。全盛期には人口五〇〇〇人の町だったそうだが、現在は夏だけに十数人が訪れる静かな保養地になっている。針葉樹に囲まれた湖と短い夏に競いあって咲きみだれる高山植物の草原がひろがるその土地一帯は、マルハナバチの生息密度が高く、マルハナバチと花の関係を研究する教授にとって絶好のフィールドとなっている。そこかしこに花が咲きみだれ、マルハナバチが飛びかう高原は、私にとっても、いるだけで幸せな気もちになれる夢のような場所であった。

人影というもののほとんどないアーウィンにはいると、青い空と白い雲を水面に映す小さな池があって、カモが二羽いかにも平和に泳いでいた。かつて銀行や映画館やダンスホールなどがあって賑わいをみせたという「第十番通り」は、今ではアスペンの林と野の花の咲きみだれる草地にはさまれた土の坂道でしかない。その坂をのぼりきったところに、トムソン教授の小屋がある。

ロッキーのいくつもの秀峰を望むその家は、傾斜した屋根をもつ手づくりの小さなログハウスで、一ヘクタールの広々とした土地のまん中に建っている。家にはいると、その名に違《たが》わず琥珀《こはく》色の目をしたネコ、アンバーストーンが出迎えてくれる。一九九一年に教授が数人の友人の助けを借りてこの家を建てたとき、アンバーストーンはその体に電気コードをまきつけ、人間がはいることのできない狭い空間を通り抜けることで配線の作業を手伝ったという。なんとも類《たぐ》いまれな「建築ネコ」なのである。たしかにその澄みきった目はかしこそうである。教授夫妻とその友人と一匹のネコによって一夏で建てられたという簡素なログハウスは、すみずみまで余計な装飾や無駄がなく、清潔ですがすがしい。

一階には小さな実験室と寝室とバスルーム、二階には居間と台所がある。台所の一画を占有する大きな冷蔵庫は、日本ではあまりみかけることのない徹底した省エネルギー型のものであり、外形に比して容積は小さい。扉を開けてそこから氷をとりだし、皮つきの桃といっしょにミキサーで砕いて、夫人がマルガリータをつくってくださった。ただでさえ酔ってしまいそうな高地の薄い空気の中で飲んだ甘くて冷たい飲み物は、またたくまに私を心地よく酔わせてしまった。

風にあたろうと居間の南側のベランダにでると、砂糖水を詰めたハチドリ用のフィーダーが吊りさげてあった。針葉樹の林の中に住むハチドリが、時おり、澄んだ羽音をたてながらやってきて、目の前で砂糖水を吸っていく。

庭に目をやると、まず目にとまるのは太陽電池のパネルである。貯水タンクへの地下水のくみあげもふくめ、この家でつかう電力はすべて太陽電池だけで賄われている。少しはなれた陽あたりのよいところには、畳一畳分ほどの小さなフレーム温室がしつらえられ、サニーレタス、ホウレンソウ、各種のハーブなど、ここで消費される野菜の一切が栽培されている。高さ数十センチのその温室は、気温におうじて自動的に上面が開閉する仕組みになっている。気温の変化による空気の膨張・収縮を利用して温室内の温度や通気を調節するものであり、電力などの動力はまったくつかわれていない。

黄色いカタクリや野生のルピナスなどの野の花が咲きみだれる庭は、そのまま水の澄んだアーウィン湖へとつながっていて、庭先にあたる入り江には、船遊び用の簡素なカヌーがつながれている。

料理が趣味ともいう夫妻のつくる料理は、とうていアメリカ人のつくる料理とは思えないほど健康的でしかも繊細な味わいであった。すでに述べたように、野菜やハーブは敷地内で栽培したものを材料とし、たんぱく源はサケ・マスなど地元でとれる魚や豆である。主菜は、魚、米、野菜、豆に、酢とハーブの香りで味つけをした、風味よく、みた目にもおしゃれな創作料理であった。ちらし寿司とサラダの中間のような料理であり、自分で手づくりの寿司台をつくって愛用しているほどの寿司ファンである夫妻が、寿司とメキシコ料理にヒントを得て工夫したものである。

ヒト一人が一日生活するためにラスベガスに投入されるエネルギー量と、このゴーストタウンでの静かな生活につかわれるエネルギー量の比率は、いったいどのくらいになるだろうか。おそらく、それはカロリー換算で三桁《けた》も四桁も異なるのではないだろうか。現代のヒトによるエネルギー消費も資源の消費も、生産と暮らしのあり方一つで大きく変わりうるものである。アーウィンへの旅によって、エネルギー消費を相当小さくおさえながら文化的で心豊かな生活をおくれるように、まだまだ工夫できるのだということを、私は確信することができた。

生活思想の転換をめざして

紹介した二つのエピソードはいずれも、世界一の技術・生産・消費の王国、アメリカ合衆国での私のささやかな体験を記したものだが、その背後にあるのは、二つの対照的な生活思想である。ラスベガスでは、科学技術による自然の克服という「幻想」に惑わされ、資源やエネルギーの有限性に目をむけることがない。現世的な欲望を貪《むさぼ》るという目的しかなく、エネルギーと資源の華々しい浪費が日常化している。そこで私が感じたのは、「大量生産・大量消費・大量廃棄」の象徴ともいえる、寄生都市の空しさと危うさである。

しかも、すべてが享楽のための装置ともいえるカジノに集まっていながら、人々は決して幸せそうな顔をしていなかったし、その姿からは健康さを感じることさえできなかった。このような虚栄の都市が地球上に数多く存在するとすれば、人類の余命はそれほど長いものではないという予感は、私をいつになく暗い気もちにさせる。

ラスベガスでの壮大なエネルギーの無駄遣いは、二つのダムの影響を介してコロラド川上流から下流にいたる自然環境の犠牲のうえになりたっている。また、世界中から集められた資源や富は、徐々に膨大な量の廃棄物と化して周囲の砂漠を埋めていき、類まれな生き物で構成されている砂漠特有の生態系も、いずれ台無しにしてしまうにちがいない。

もう一つのエピソードで紹介したのは、地球の限界性を強く意識している生態学の研究者が、ロッキー山脈のゴーストタウンで営む物質・エネルギー消費を極力おさえた健康で心豊かな暮らしである。それは、めぐまれた自然環境の中でこそ可能な暮らしであるともいえる。しかし、生活の場がどこであろうとも、浪費をせずに心の豊かさと心身の健康を追求することは、ライフ・スタイルの問題として多様なかたちで実践できそうである。

ドット・コム長者が、テニスコートとプールのついた二〇〇〇平方メートルもの大邸宅を建て、執事を雇い、子どもの誕生パーティーに二万ドルもかける一方で、普通の家庭でさえ、車が三台はいるガレージとジャグジーのある家に住んでいるという壮大な浪費社会。しかしそのアメリカ社会にも、一九九〇年半ばには物質主義的な過剰消費に対する不安がひろがり、そうしたライフ・スタイルを自発的に変える人々が相当な割合で存在するようになったといわれる。一九九〇年から九六年にかけて、収入が減ることを覚悟のうえで「過剰消費のために働きすぎる」文化からの離脱をもとめ、自発的にライフ・スタイルを変えたダウン・シフター（減速生活者）とよばれる人々は、アメリカの成人のほぼ二割にも達したともいわれる。

今日の社会システムの中では、エネルギーをはじめとする消費を極力おさえ、廃棄物をださない生活を個人として選びとるのが、それほど容易でないことは確かである。例えば、多くの人々が暮らす都市は、その都市生態系じたいが寄生的なものとして計画され、維持されている。しかし、それでも環境に配慮したライフ・スタイルを選択できる場へと、都市をふくめた国土全体を、そして社会的なシステム自体をつくり替えていくことが必要であろう。

資源・エネルギーを節約し、しかも心豊かに暮らすことと高度な科学技術とは、矛盾するどころかあい補うことで、健全な人々の暮らしと生態系をとり戻すことに大きく寄与するものと思われる。しかし、その前提として必要なことは、浪費すら美徳とし、科学技術によって生態系を思うままに操れるとする、「傲慢《ごうまん》な」二〇世紀の幻想からの脱却である。

まず、第一にもとめられる生活思想の転換は、ラスベガスに象徴される壮大な寄生的浪費ときらびやかな物質的豊かさよりも、ゴーストタウンの暮らしのような物質的な節約と精神的な豊かさを尊ぶ方向への転換である。それは多くの日本人にとって、昭和三〇年代ごろまでの普通の生活感覚を思いだせばよいだけのことかもしれない。「もったいない」とものを大切にあつかい、捨てるものがでないようにものをつかいまわすことは当たり前であったし、いろいろな意味で「清廉《せいれん》」は最高の美徳であった。それは、「地球の限界」の問題に対処するために、決して欠かすことのできない生活思想であるといえる。

一方で、地域レベルから地球規模にいたるさまざまな環境の問題には、多様な生物のつながりあいによってその状態がたもたれている、歴史的な存在としての「生態系」というイメージをつねに念頭において対処していくことが必要である。科学技術と欲望しだいで思うままに操ることのできるものとして生態系をみるのではなく、人智《じんち》をはるかに超える複雑さを秘めた歴史的存在としての生態系を尊重し、それをできるかぎり損なわない利用や管理を心がけていかなければならない。それは、謙虚な心と科学の鋭い目をもって、環境にうまく適合するように「順応的に」（第六章）生態系とむかいあうことによってはじめて可能となる。

そのような生活と科学技術にかんする思想の転換こそ、生態学の一研究者である私が本書でぜひ伝えたいと願うメッセージである。

金の卵を産むニワトリをどうあつかうか

ラスベガスのような都市を発展させた二〇世紀は、自然を支配し、効率よく利用することに大きな価値がおかれた時代であった。特に初期には、科学技術に全幅の信頼がよせられ、科学技術に依拠した「無限の発展」が人類を幸福にすると多くの人々が信じていた。

人間にとって、生態系は「金の卵を産むニワトリ」に喩《たと》えることができる。適正な範囲での利用であれば、持続的にさまざまな資源、財、サービスなどを提供してくれるからである。金の卵とは、食料であったり、薬であったり、建材や衣料の材料であったり、心に感動をよび起こす美しい風景であったり、心を慰める野生の動植物とのふれあいであったり、空気や水を浄化する働きであったり、土砂流出の抑制であったり、作物を実らせる授粉作用であったりと、あげていけばきりがないほどの多様な自然の恵みのことである。私たちがどれほど多くの恵みをさずかっているかは、生態系が健全に機能し、それらの恵みが過不足なく提供されているときには意識するのがむずかしい。しかし、ニワトリが衰弱して金の卵が産めなくなってくると、私たちは否応なくその有りがたさに気づかされることになる。多大なコストをかけてまで、水質を浄化したり、大がかりな砂防工事を施したり、ホルモン剤で果実を膨らませたり、風光明媚《めいび》で野生生物の豊かな場所をもとめて、はるか遠方まで旅したりしなければならなくなるからである。

限界をわきまえない過剰利用や誤った利用は、ニワトリそのものを殺してしまい、永遠に金の卵を手にいれることをできなくさせる。ニワトリが金の卵を無制限に産むことができないのは、地球の生物には「環境収容力」という厳しい制約が課せられていて、自然が提供する資源や空間は無論、生態系による浄化能力にも限界があるからである。その制約は、高度なテクノロジーをもってしてもうち破ることのできない生態学的な掟《おきて》であり、地球全体にとっても、また地域においても、ヒトによる限界を超えた自然資源や空間の占有は、生態系そのものを大きく損なう結果をもたらす。

二〇世紀も後半になると、そのような限界性にかんする意識が急速に高まる一方で、さまざまな地球環境問題がしだいに顕在化しはじめた。人間活動の自然環境への影響や負荷が深刻な環境問題をひき起こし、無限の発展を念頭において自然を利用しつづけることには無理があることが気づかれるようになった。成層圏のオゾン層に穴があくオゾンホールの形成による紫外線照射量の増加、二酸化炭素濃度の一貫した増加、地球温暖化と関連すると考えられる異常気象、酸性雨、世界中での動植物の絶滅の危機、砂漠化、海洋汚染などの問題である。私たちがきわめて深刻な地球環境をめぐる問題に直面していることが、実感のうえでも、またデータのうえでも明瞭にあらわれるようになり、「ニワトリの衰弱」への危惧《きぐ》は、広く人類に共通するものとなっている。

「喪失の時代」にできること

その場所で暮らすあらゆる生物を一掃してしまう大規模な環境改変が、二〇世紀には世界各地で行われ、森林、湿原、河川、湖沼、干潟《ひがた》、沿岸域、サンゴ礁など、生き物が必要とする豊かな生息・生育場所が大幅に失われつつある。さらに、地球環境や地域環境の悪化、外来生物の影響なども原因としてくわわり、今では多くの生物種が絶滅し、また絶滅の危機にさらされている。

昆虫などの、人にその存在すら知られていない未記載種の多い分類群は、絶滅の危機を数字で評価することもできないうちに、膨大な数の種が人知れず絶滅しつつあるといわれている。哺乳動物や種子《しゅし》植物など、体が大きく把握の容易な分類群について絶滅のリスクを評価する作業がすすめられ、地球全体あるいは地域ごとのレッドリスト（絶滅が危惧される種を絶滅の危険性のランクとともに掲載した一覧表）として出版されるようになると、地球が現在かつてない大量絶滅の時代を迎えていることが明らかになってきた。例えば哺乳類では、地球に生息する種の四種に一種が今では絶滅危惧種になっているし、私たちヒトが属するグループである霊長類にいたっては、現存種の半数の絶滅が危惧されるまでになっている。

生物多様性の急速な衰退、すなわち、絶滅したり絶滅が危惧される種が増加していることは、生態系から生物間相互作用のネットワークの重要な要素がぬけおちつつあることを意味する。生態系の中で、それらの種がはたす役割を十分に評価する暇もなく進行する大量絶滅は、私たちにさまざまな恵みを提供してくれる生態系の健全性が、じわじわと損なわれていくことを意味する。

地球は、現在、生物の歴史はじまって以来の「喪失の時代」を迎えつつあるといえるが、それは同時に、人類の存続可能性を脅かすものでもある。そのような認識にもとづき、一九八〇年代以降、重要な社会的な目標としてとりあげられるようになったのが、「健全な生態系の持続」と「生物多様性の保全」という目標である。これらは、喪失を少しでも小さくするための、人間活動の方向性を示唆する重要なキーワードでもある。

多様性をどうまもるのか

「生物多様性」とは、野生生物全般がおかれた、ヒトの強い干渉のもとでの危機的な現状を憂える進化学・生態学の研究者が、その問題を社会に広く訴えるために考案した一種のキャッチフレーズである。生物多様性の定義は、それをもちいる研究者によって少しずつちがいがあるが、遺伝子の多様性、個体群の多様性、種の多様性、生息・生育場所の多様性、生態系の多様性、景観の多様性、生態的プロセスの多様性などをふくみ、「生物の豊かさ」を包括的にあらわす概念である点で共通している。

生物多様性の危機とは、人間活動のきわめて大きな影響のもとで、多くの生物種の個体群が衰退するとともに遺伝的な変異を失い、同時に豊かな生態系や景観をも喪失しつつあるという問題である。また、生物多様性は、要素の多様性だけでなく、生態的なプロセスの多様性をもふくむ概念であることに留意する必要がある。つまり、生物間の関係や、例えば洪水や山火事など、その場での生物の生活を規定する物理的なプロセスなどもふくむ。「生物多様性の危機」は、今ではもっとも深刻な地球環境問題の一つとして認識されており、その保全は、国際的にも国内的にも重要な社会目標となっている。

「健全な生態系の持続」と「生物多様性の保全」は、将来の人類が現世代と同じように自然の恵みを享受しながら、人間らしい生活を営む権利を保障するための目標、持続可能性のための目標である。ヒトは、生活においても生産においても、これまでも、現在も、また将来にわたっても、自然の恵み、すなわち生物多様性と生態系が提供してくれるさまざまな恩恵にたよらざるをえない。短期的な利便性や利潤を追求するあまり、それらを枯渇させてしまうことなく、これから後の幾世代もが長期にわたってその恩恵に浴せるようにするためには、この二つの目標のもとに、過剰な開発行為や行きすぎた自然の利用を適切に制限することがぜひとも必要なのである。

この二つの目標は、その実現のためにはおたがいを条件として必要とするというように、相互に強く依存しあうものである。例えば、遺伝的多様性と種多様性は、生態系の機能・構造の長期的な維持に重要な意味をもっている。この二つの多様性は、少なくとも次の三つの理由で生態系を安定化させるからである。

（1）特定の機能を担う主要な経路に代わりうる別の経路が存在できるようになり、

（2）外来種の侵入に対する生態系の抵抗性が増し、

（3）病気の蔓延《まんえん》によって特定の種の担う機能が低下するのを防ぐ。

また、こうした異なる二つの視点からの目標が両方とも必要とされるのは、あまりにも複雑で未知の部分が大きい「ニワトリの健康」を望ましい状態に維持するのに、どちらか一方の見方だけでは、具体的な目標を設定するにも、その状態を監視するにも決して十分であるとはいえないからである。多様な目標、価値観、視点をもつことによってはじめて、複雑で豊かな自然を後の世代が継承することができるのだが、それらを大きくまとめたのが、「健全な生態系の持続」と「生物多様性の保全」という目標である。「健全な生態系の持続」という目標が自然の機能に視点をおいた機能的目標であるのに対して、「生物多様性の保全」は、その構成要素を失わせないようにするという意味では、構造的な目標なのである。

現在では国際的にも広く認知されているこれらの目標は、補いあいながら、私たち人類の持続可能性を保障する目標となっている。一九八〇年代の後半から、生物学の中にも、これらの目標の実現に貢献することをめざす研究分野が育ってきた。その中の一つで、本書の背景となっているのが、保全生態学である。

自然を保護できるのか

しばらく前まで、野生生物や生態系の現状に深い関心をよせる人々にとっての目標は、「自然保護」であった。この目標のもとにすすめられたさまざまなとりくみや活動は、生物種の絶滅を防いだり、生態系の変質を回避するために大きな役割をはたしてきた。しかし、持続可能性という大きな目標のもとで、その目標の内容を吟味することも必要になっている。「自然を保護する」は、人間の破壊行為からそれをまもるという意味あいが強い。つまりそれは、できるかぎり人為を排することが望ましいということである。

しかし、ヒトも生態系の中にあり、どのように生きるにしても、その活動が生態系の状態やダイナミクスに影響をあたえることから免れることはできない。かりに、野生生物として生きていたころのヒトか、あるいは他の哺乳類と同程度の影響ならば許されるとしても、今では人口の面でも、一人あたりの資源やエネルギー消費の面でも、野生生物としてのヒトなどというものを考えること自体が意味をなさない。したがって、たんに人為を排することを追求しようとすれば、ヒトは自らの存在じたいを否定しなければならなくなる。

また、すでに地球上のほとんどの生態系がなんらかのかたちでの人為の影響をうけていることが明らかになっている現在、人為を排して「自然のままに」ということを重視したのでは、保全や復元の目標を定めることができない場合が多い。真に自然を保護するためには、積極的な人の働きかけが必要なこともあるからである。一方、どのような人間活動あるいは人為であれば、生物多様性や健全な生態系を損なわないのか、という問題設定に対しては、具体的な実践の目標や指針を決めることが可能である。保全生態学などの科学も、そのような課題に対してであれば十分に貢献ができる。

本書では、ヒトと生態系の関係の歴史、生態系のなりたちと人為がもたらす効果などについて、生態学の立場からの検討をくわえることによって、人類の持続可能性を保障するための道筋と、そこにおける「健全な生態系の持続」と「生物多様性の保全」の意義について考えてみたい。

生態系管理という思想

一九八〇年代の後半から、ヒトの自然への働きかけにかんする哲学が大きく変わりつつあることを感じさせる動きが、北アメリカやオーストラリアでめだつようになった。日本においても遅ればせながら、少なくとも理念においてはそれをみならおうとする動きがあらわれ、二一世紀になった今、ようやく政策の転換がはかられつつある。

とりわけ、広大な新大陸の自然を「征服し、利用する」ことで農業と工業を発展させ、世界経済の覇者となったアメリカ合衆国において、一九九〇年代にダムや森林にかんする政策が大きく転換したことは特筆に値する。それは、経済と利便性がすべてを支配した時代から、環境への配慮が優先される時代への移り変わりを象徴する大きな出来事である。そのような転換の背後にある思想が、「生態系管理」である。その詳細は後の章にゆずるが、生態系管理とは、単純に生態系の管理を意味するわけではない。生態系の科学的な見方を重視し、長期的な健全性の維持をはかるための管理＝マネージメントであり、その手法としては、順応的な管理とよばれる「社会的な試行錯誤」が推奨されている。

それらの考え方には、実は現代生態学における生態系観が強く反映されている。つまり、生態系を複雑かつダイナミックで、それゆえ不確実性の高いシステムとしてみる見方である。そのような見方は、おのずから、生態系へのヒトの働きかけは慎重に、また順応的に行わなければならないという指針につながる。

ある時代、ある社会におけるヒトの自然への働きかけは、その社会が自然をどのようなものとしてみているかに大きく依存する。自然の事物の一つひとつに神が宿るとみる社会では、自然の人為的な改変は、たとえそれが行われるにしても、一つひとつのことがきわめて慎重に運ばれるであろう。

それに対して、すべてに卓越する全能の神が、みずからを模してつくった第一創造物たる人間のために他のあらゆる事物をつくったとする宗教が支配する社会では、人間の都合で自然を改変することに、それほど大きなためらいを生じる余地はなさそうである。

今の地球の生態系の姿は、どこをとったとしても、何万年、何十万年と続いたヒトの働きかけの結果である。どの時代に、どのような自然観にもとづき、どのような自然への働きかけが行われたかを知ること（第二章）は、ヒトと自然の関係の変遷とそれに依存する自然の変化を知り、今後の変化を予測するためにおおいに役だつにちがいない。

生態系を意識する社会

人間活動のあらゆる面での環境への配慮の重要性が認識されるようになった今日、生態系への影響、生態系の破壊、生態系の健全性、生態系の保全などの言葉が頻繁につかわれ、私たちの社会はかつてなく強く生態系を意識するようになった。

さて、自然とヒトという場合、「自然」が何をさしているのかは、それほど明瞭ではない。哲学的な意味での自然という言葉の意味は非常に広い。時には「客観的な実在」という意味で「自然」をもちいることもある。何もかも包含してしまう、どちらかといえば哲学的な概念である「自然」に対し、生態学の学術用語である「生態系」は、考えるべき要素を科学的に限定できるという利点をもっている。わが国で一九九九年六月から施行された環境影響評価法にもとづく環境アセスメントでも、生態系にかんする環境影響評価がもとめられるようになっている。

生態系への影響とは、どのように評価すればよいのだろうか。生態系に十分な配慮をしつつ、現代のさまざまな要求をみたすための開発や事業は、どのように行うべきなのであろうか。あるいは、生態系への影響からみて許容することのできない開発あるいは活動とはなんなのだろうか。二一世紀の幕があがった現在、持続可能性のために明らかにしておかなければならないことがらが少なくない。

今日、多くの在来種が絶滅の危険にさらされる一方で、外来種や在来種の一部が急激に個体数を増加させて他の野生生物や生態系に深刻な影響をおよぼすという現象もめだつ。例えば、北アメリカ原産のブラックバスやブルーギルが湖沼や池に放流されて増加し、在来魚の絶滅の危険を高めていることは、最近ではマスコミでもよくとりあげられる話題である。ニホンジカが大台ヶ原《おおだいがはら》、奥日光、尾瀬《おぜ》の湿原などでかつてなく増加し、深刻な植生破壊の問題が起こりはじめていることも周知のことであろう。

それらに対して、私たちはどのように対処すればよいのだろうか。そのまま推移をみまもればよいのだろうか、それとも、なんらかの人為的な干渉や管理を行うべきなのであろうか。また、もし後者だとすれば、どのような対策や管理が必要となり、また実際に有効なのだろうか。社会として、早急に答えをださなければならない生態系の問題はいくつも存在する。

多くの人々にとって「生態系」は、まだまだ「自然」と同じていどに内容があいまいな言葉なのではないだろうか。だからこそ、生態系はどのようにふるまうのか、健全な生態系とはどのような状態をいうのか、また、それを維持するためには何が必要なのか、などを明確にする必要がある。生態系の現状についての議論をたたかわせたり、問題の解決のためにとりうる指針や対策を決めていくためには、社会を構成する個人個人が、生態系についてのあるていど共通したイメージをもつことが必要だ。

本書でめざすこと

環境問題が深刻さを増す今日、生態系の機能がもつ限界性を強く意識し、その中でよりよく生きるための知恵を謙虚に探ることが、人類の存続を保障するための唯一かつ確実な方策である。そのような意識から生まれたのが、「健全な生態系の持続」という社会的目標と、経済性や利便性よりも持続可能性を優先させて生態系を利用・管理するという「生態系管理」の思想であることは、すでに述べた。

私たちの今日の生活や生産がどれほど高度な科学技術に支えられていようとも、根本ではそれらは、生態系から提供される自然の恵みとでもいうべき資源やサービスによってなりたっていることに変わりはない。

生態系が、その機能を通じて私たちに提供する資源やサービスはあまりに多様であり、私たちはそのすべてを十分に理解しているわけではない。またそれらは多様な生物の連携プレーによってなりたっているのだが、それを担っているのは、私たちがいまだ十分には理解していない生物間の複雑な相互関係である。生態系の機能を損なわないためには、健全な機能をはたす生態系の構成メンバーとそれらのあいだの関係すべて、すなわち生物多様性の保全という目標も同時に考慮されなければならない。

この本では、時代ごと、社会ごとに変遷した自然とヒトの関係やそれによってもたらされた生態系の崩壊や変化、自然とヒトの関係に大きな影響をあたえた生態系観や生態系にかんする思索、生態系の科学である生態学の現代の生態系観にもとづく「健全な生態系」、人類の存続、持続可能性にとってのその意義などについて述べる。それらを通じて、金の卵を産むニワトリにも喩えることのできる生態系の健全性を損なわないようにし、あるいは今や瀕死の状態に陥っているニワトリを蘇《よみがえ》らせるために、どのような術をどのような心構えで施せばよいのかを探ってみたい。

第一章では、ヒトと生態系の関係や生態系崩壊の歴史をふりかえり、地球生態系全体の崩壊を招かないようにするためのもっとも根本的な指針について考える。

第二章では、生態系という概念や生態系に関する思索の変遷をたどり、現代の生態学における生態系観をその中に位置づける。すなわち、生態系の科学的な見方について述べる。

第三章では、生態系というシステムが、生物の適応進化のプロセスの結果としてどのように組織され、また変化するのか、生態系がどのような歴史的な存在なのかを述べてみる。

第四章では、生態系の機能や安定性にとって重要な役割をはたす、撹乱《かくらん》(植生を破壊する外的な作用)などの生態的プロセスについて述べる。

第五章では、生態系の健全性とは何か、それが損なわれることでもたらされる問題は何かについて述べる。

第六章では、人類の持続性にとってこれから欠かすことのできない生態的管理と、その手法である順応的管理について、北アメリカでのいくつかの試みを紹介しながら解説する。

第七章では、生態系の復元や生態系の機能回復に関する基本的な考え方や、保全生態学にもとづいた社会的実践について紹介する。

第八章では、日本ではじまった新しい生態系復元の動きについて紹介する。

第一章

「ヒトと生態系の関係史」から学ぶ

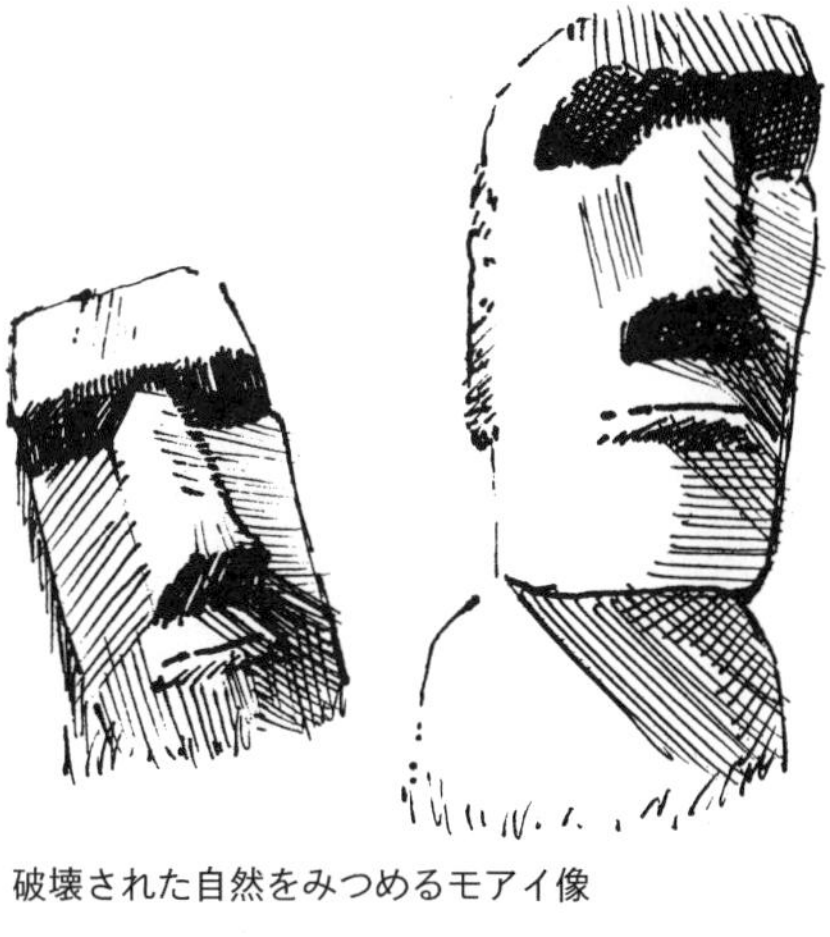

破壊された自然をみつめるモアイ像

タチアオイの花粉の電子顕微鏡写真（写真提供：PPS）

花粉が教えてくれること

近年になって、自然科学の技術を考古学に応用することで、過去にさかのぼってヒトと生態系の関係を推測するような研究がさかんになっている。例えば、微小な花粉は植物が子孫を残すための授粉になくてはならないものだが、一方では、過去の植生を知るための強力な手段となりうることがわかっている。スポロニンという分解されにくい物質からなる花粉の外膜には、種類ごとに特異的な模様があるので、それを手がかりにすれば、過去の堆積物の中からみつかった花粉が、どのような種類の植物に由来するものかを知ることができる。

堆積物の中にふくまれている花粉の種類と量をはかり、過去の植生について推論することを「花粉分析」という。さらに、化石林などの植物遺体の大型化石をも手がかりにすることで、今では過去の植生をかなりの確かさでもって再現できるようになってきている。そのような分析にもとづき、過去の植生とその変遷を知り、さらにそのような変遷をもたらしたヒトによる自然の利用・干渉がどのようなものであったかを推論することもできるようになってきた。歴史的な資料などもあわせて分析することで、世界各地で生態系とヒトの関係を歴史的に復元する試みがなされている。

そうした研究から明らかにされたヒトと生態系の関係史は、深刻な生態系との問題に直面している私たちが、今後どのようにすすむべきかを考えるうえでのヒントをいくつもあたえてくれる。この章では、まず、人々が物質的に豊かな生活を享受するために行った開発や過剰利用の事例をいくつか紹介する。そして、それがもたらした生態系の崩壊が、後の世代にどれほどの大きな負の遺産を残したかをみてみよう。

みわたすかぎりの荒野が続く、イースター島（撮影：柳谷杞一郎）。

I イースター島になぜ森がないのか

巨大な石像モアイで名高いイースター島は、チリの沖合い三六〇〇キロメートルの太平洋に浮かぶ絶海の孤島である。このポリネシアの小さな島の歴史について花粉分析と考古学が明らかにしたことは、地球と人類の将来について真剣に考える人々のあいだでは、とくに重要な教訓としてうけとられている。その「イースター島の教訓」は、生態系に対する無配慮が生んだ前工業化時代の自然破壊の例として、今では多くの環境学や生態学の教科書に紹介されるポピュラーな話題の一つとなっている。

現在、森林のまったくみられないこの島も、ポリネシア人がはじめて入植した西暦四〇〇年ごろには、全島が森林におおわれていたことが明らかにされている。花粉分析と洞窟《どうくつ》に刻まれた考古学的な記録にもとづく復元によれば、この島における「ヒトと生態系の関係」史は、およそ次のようなものであったとされている。

イースター島はどこにあるのか

イースター島がかつて栄えた理由

ここにやってきたポリネシア人たちが、はじめてその前人未踏の島をみたとき、島はヤシ類の森林でおおわれていた。いずれの大陸からも遠くはなれた島には、哺乳類が生息せず、かわりにおびただしい数の鳥類が生息していた。哺乳類が生息していなかったのは、太平洋のまっただ中のこの絶海の孤島に、泳いでたどり着くことができた哺乳類がいなかったことによる。それに対して、空を自由に飛べる鳥は、多くがこの島に住み着いていた。ポリネシア人たちは、イースター島にたどり着いたはじめての哺乳類だったといってもよいのだが、実はそのとき、もう一種類別の哺乳類がひそかに島に上陸していたのである。

その哺乳動物というのは、丸木船での長い船旅のすえに島にたどり着いたポリネシア人たちが、

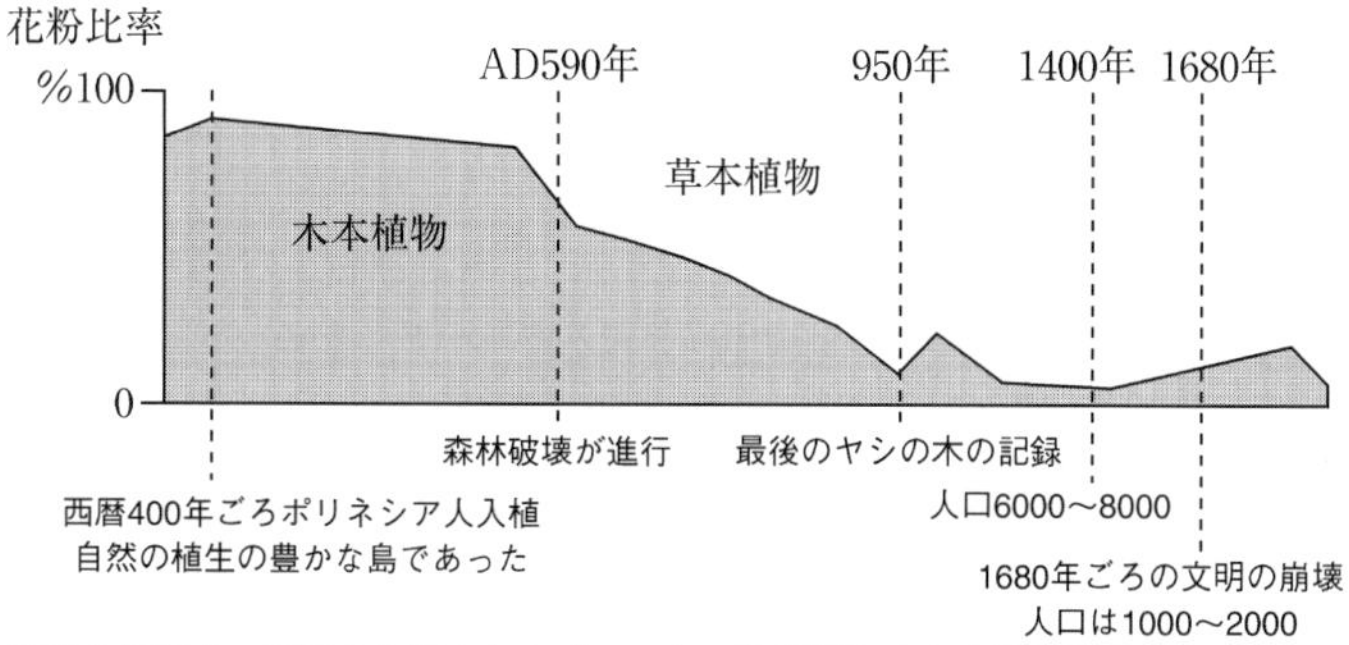

花粉分析によって明らかにされたイースター島の植生史と文明の歴史

(Flenley & King, 1984より)

航海中の糧《かて》とするために船に乗せていた、ラットである。島に到着した船から逃げだしたラットは、天敵のいないこの島で野生化し、またたくまに全島にひろがっていったらしい。このラットの子孫が、やがてともに島にたどり着いたポリネシア人たちの子孫と島の生態系に大きな災禍をおよぼすことになるのだが、長い船旅をへて新天地にたどり着いたポリネシア人の中には、ラットの逃走というささいな出来事に注意をむけた者は一人もいなかったに違いない。

島から森林が失われたのは、入植者たちがさまざまな目的で森林を切りひらいたからである。まず、農地にするために森が切りひらかれた。一方で、入植者たちは海洋民族にふさわしく、漁業を営むことで豊かな海の幸をタンパク質源として利用したのだが、漁には丸木船が欠かせない。丸木船建造のためにも太い材木を森から切りだす必要があった。

食料生産との係わりが深いこれらの目的にくわえ、宗教的・文化的な目的でも森林が伐採された。すなわち、祖先を敬うために火山岩の巨石に彫刻を施す宗教文化がさかんになり、石切場から巨石を運びだすために森林が犠牲となったのである。農業と漁業に従事する階層の人たちが巨石を切りだす役割を担い、また食料を調達して石工たちの生活を支えた。しばらくのあいだ、豊かな森林の恩恵を享受することにより、高度な技術を誇る巨石文化が栄えた。

イースター島から森が消えた理由

イースター島が緑の森でおおわれていたころ、森には丸木船をつくるのに十分な大きさのヤシの木がたくさん生えていた。その木を切り倒すことでつくられた丸木船を操り、漁師たちはサメやフカなどの大きな魚を捕えていたのである。また、イースター島から四〇〇キロメートルも離れた無人島まで丸木船を漕《こ》いでいき、無尽蔵ともいえる海鳥のコロニーを狩ることもできた。島の人々のたんぱく質源は十分すぎるほどであったといえるだろう。十分な食糧とそれが支えた文明を象徴するのが、今に残る巨大な石像モアイである。一五〇〇年ごろには、人口も七〇〇〇人に達したと推定されている。そのころまでが、島の栄光の時代であった。

しかし、その繁栄は決して長くは続かなかった。丸木船をつくれるほどの太い木が切りつくくされてしまったからである。太い木を伐採したとしても、絶えず新しい木が芽生え、順調に成長していたとしたら、森にはつねに太い木が存在し、丸木船をつくる材木も持続的に供給されたはずである。

しかしイースター島では、ヤシの木の森が再生することがなかった。ヤシの木の更新を妨げたのは、ヒトとともに島にたどり着き野生化したラットであると推測されている。ラットは、ヒト以外の哺乳類のいない、すなわち競争者も天敵もいない新天地で爆発的に増加した。そのラットたちがヤシの実を食べつくしてしまうため、新しい木が芽生えて育つことができなかったらしいのである。

花粉分析による復元でみるかぎり、イースター島において三万年ものあいだ自然に維持されてきたヤシ類の森林は、ヒトによる直接の森林破壊と、ヒトがもちこんだ外来動物であるラットがもたらした生態系への影響によって、入植後わずか一二〇〇年ほどで、ほぼ完璧に破壊されてしまったのである。

一七二二年、はじめてヨーロッパ人がこの島を訪れたときには、島の繁栄も豊かな森林植生も、すでに過去のものとなっていた。木は伐りつくされて森はなく、その結果としてひき起こされた土壌流亡によって畑は痩《や》せ細っていた。農業生産がふるわないだけでなく、漁船をつくる材木がないため、かつてのようにサメや海鳥をとることもできなくなっていた。当然のことながら、島は深刻な食糧不足に陥っていた。部族間の争いが絶えず、食人風習まではびこっていたといわれる。人口も、すでに往時の三分の一にまで減少していた。

「イースター島の教訓」とは、高度な技術や文明が、めぐまれた自然に支えられて発達したとするならば、いったん過剰利用や誤用で健全な生態系を損なってしまえば、同時に文化も人心も荒廃し、人々は悲惨で過酷な運命に耐えなければならなくなるという苦いものである。

巨大な石像群は、一〇〇〇年から一六〇〇年のあいだに建造されたとされている。祖先を崇めるために巨石の彫像をつくった人々は、数世代後の子孫の悲惨な暮らしを想像することができなかったのだろうか。偉大な航海者として祖先への畏敬の念は強かったようだが、子孫の幸せには十分に心を配ることがなかったようだ。

祖先を崇める文化はさまざまな民族に共通であるが、数世代後の子孫の幸せを願う文化は、それほど一般的ではないのかもしれない。しかし、今後の人類の存続は、祖先よりもむしろ子孫を慮《おもんぱか》る文化、すなわち持続可能性という倫理を支える文化を早急に築くことができるかどうかにかかっているともいえる。

2　白亜のギリシャはどうして生まれたのか

過度の資源利用による生態系の崩壊を経験したのは、イースター島にかぎったことではない。これと似たような生態系の崩壊や劣化は、人類の歴史ではくりかえし起こったようだ。文明とよばれるものの多くが、豊かな自然を背景に発展しながら、誤った利用や管理によって生態系の健全さを損ない、その結果として文明じたいを崩壊させてしまうのである。お決まりのコースともいってもよい文明の発展・衰退史は、それ自体が私たちにさまざまな教訓を残してくれている。

ギリシャらしさをつくりだしたもの

イースター島の環境破壊は、小さな島にかぎられた事例である。人類史上のもっとも大規模な環境破壊を三つ選ぶとしたら、紀元前三〇〇〇年ごろに中国で発生した土壌浸食、紀元前の古代ギリシャ時代に地中海地域で起こった森林破壊、それに、一九三〇年代に北アメリカの大平原で生じたダストボール（砂あらし地帯の出現）と言われている。それらはいずれも、生態系のもつ限界性、あるいは環境容量というものを意識することなく開発を追求しつづけた結果であり、現代に生きる私たちにとって、過去の出来事と笑ってすませられないものである。

それぞれの時代のそれぞれの地域の生態系は、気象条件や自然による撹乱《かくらん》、遷移《せんい》現象などの生態的なプロセスにくわえて、その時代における経済生活や精神生活の影響をも大きくうけて変遷する。とりわけ古代ギリシャにおける環境破壊は、今日の西欧合理主義と科学の礎《いしずえ》が築かれたちょうどその時点で生じたものであり、環境破壊の思想的影響は現代にまでおよんでいるとも言われている。

古代ギリシャから今にいたるギリシャの生態系には、ギリシャ時代の人々の思想と生活の影響が大きく作用している。石灰岩の露出する白い岩山に山羊の群、オリーブの樹影と古代遺跡の廃墟という、観光客好みのいかにも地中海沿岸らしい風景は、乾燥した地中海気候のもとで太古から続いてきたものと思われがちであるが、そうではない。ギリシャに文明が成立する前には、ギリシャの山々は緑の森でおおわれ、野生の動物が多く生息していたことがわかっている。観光客にとって魅力的な「いかにも地中海的な風景」は、実は過剰利用によって生態系が大きく変質してできた、すなわち、古代の人々の欲望がつくりだした人工的な風景なのである。

いかにも観光客好みの地中海沿岸らしい風景。ギリシャのデロス島遺跡（写真提供：JTB フォト）。

森におおわれていたギリシャ

花粉分析の結果によれば、最終氷期が終わった一万二〇〇〇年ほど前には、ギリシャ一帯は標高にかかわりなく、カシ、ナラ、マツなどの森林でおおわれていた。山地や丘陵地帯には土壌浸食を受けやすい火山灰土壌がひろがり、低地には、それらが浸食されて生じたシルトが河川によって運ばれて堆積《たいせき》していた。地中海沿岸には五〇〇万年も前の太古の昔からヒトが住み、野生動物、おそらくはシカを主な獲物とした狩猟によって生活していたと推測されている。狩りをもっぱらとしていた人々は、狩りをしやすくするために、たびたび火を放って森を焼いたが、そのため、その時代の植生は、野火に耐性があって陽地を好む植物の占める割合が高いものになっていた。しかし、狩りをする人々による森林の破壊はどちらかといえば一時的なものであり、森林は速やかに回復し、地域の大部分は、依然としてつねに森林におおわれていたのである。

ところが、一万一〇〇〇年前の新石器時代になると、気候は次第に乾燥し、同時にヒトの中に、狩猟採集から農耕へと生活を大きく変更するグループがあらわれた。新たな農耕の民は、農地を生みだすために、狩りをする人々よりも広い面積の森林を切りはらった。そのため、三〇〇〇年前ぐらいまでに北ギリシャの低地からは森林の大部分が失われた。それでも、当時のギリシャの農民が行っていた農業は、どちらかといえば持続的な農法で作物を生産するものであって、生態系の崩壊をもたらすようなものではなかったと考えられている。

当時の農業では、丘陵地帯の斜面は、森林を残しておくか、あるいはブドウ畑や果樹園としての利用にかぎられており、土壌浸食を防ぐ努力がなされていた。どうしても斜面を利用しなければならない場合には、棚田《たなだ》のように等高線にそって幅の狭い畑をつくって耕作をした。農民たちは畑に石灰をまき、動物の糞《ふん》でつくった肥料を施し、あるいは、窒素固定をするマメ科植物を植えるなどして、好ましい栄養循環を維持することをめざしていたらしい。

しかし、農耕地の拡大は、度を超えると悪循環をもたらす「正のフィードバック」の引き金となる。食料生産の増大は人口の増加をもたらし、その人口増加が、さらなる農地拡大の必要性をもたらすため、やがて低地だけでは農地が不足するようになる。土壌の栄養塩が豊富な沖積《ちゆうせき》平野とは異なり、丘陵地では土壌がいったん疲弊すると、その回復はむずかしい。しかし、増加した人口を養わなければならないので、本来農地には適さない丘陵地の痩せた土地の森林までも切りひらき、大規模に農地をひろげていかなければならなくなったのである。それが、土壌の流亡をまねくことは言うまでもない。

一方で、家畜の増加は放牧地や牧草地の拡大をもたらした。羊飼いたちは、少しでも多くの放牧地を確保するために懸命になった。森に火を放ち、あるいは環状に木の皮をはぐことによって水の吸いあげを阻害し、樹木を枯らしていったのである。

プラトンの嘆き

後世、歴史の父とよばれるようになったギリシャの歴史家ヘロドトスは、地理学的な記述を豊富にふくむ著書『歴史』に、森林が失われて放牧地や農地になっていく様子を記している。さらにそれから約一〇〇年後、哲学者のプラトンは、その晩年の著作である『クリティアス』の中で、土壌流亡と水源の消失について、次のように嘆いている。

その時代には、この国は今よりずっと豊かな生産を誇っていた。かつての国土の姿にくらべるならば、現在は、身体はやせ衰えて骨ばかりが残っているようなものだ。土壌のうち肥沃《ひよく》で柔らかい部分はすべて落ちてしまい、土地の骨骸《こつがい》が残っているだけである。かつての国土においては山は土壌におおわれて高くそびえ、平野には肥沃な土があり、山には豊かな森林があった。山で育った木からとられた十分な大きさの材木で葺《ふ》かれた家々の屋根がみられ、ほかにもたくさんの大きな木がみられ、作物が育ち、家畜には豊富な餌が生産されていたのは、それほど昔のことではない。さらに、毎年の降雨のおかげで土地からは作物が収穫でき、今日のように水が裸地を海まで流れてしまうことなく、いずこにも豊かに水を供給する豊かな泉や川がみられた。かつて泉が湧いていた場所は、今でも神聖な場所として記憶にとどめられている……。

この記述からは、豊かな植物相や動物相を誇る森林が失われたことによって、土壌浸食や保水機能が低下し、低地における農業・牧畜の生産性にまで大きく影響が及んだことを、プラトンがはっきりと認識していたことを読みとることができる。

海の覇者たるギリシャ帝国が成立すると、数多くの軍艦を建造するために大量の材木が必要となり、さらに多くの森林が消えていった。一方で交易がさかんになり、農業が専門化した。すなわち、それぞれの地域の気候におうじて、小麦、オリーブ、ブドウというように一種類の農産物だけが専門的に生産されるようになっていった。他方で鉱業が興り、それによっても森林破壊が加速された。金属の精錬に大量の薪が消費され、森林伐採にいっそう拍車がかかったからである。

そのような開発の歴史を通じて、森やその周囲に棲む野生生物の生息場所が奪われ、ライオンやヒョウは、紀元前二〇〇年ごろにこの地域から姿を消し、オオカミとジャッカルは山地でのみ生きのびることとなった。

土壌浸食の影響は、やがてギリシャ帝国に深刻な影響をもたらすことになった。山地や丘陵地から流出したシルトが河口部のデルタをみたし、地中海に面した港を次々に埋めていったのである。

そのうえ、廃港が沼沢地と化してマラリア・カの格好の生息場所となったため、都市の住民たちには、疫病《えきびょう》というさらなる災禍がもたらされることとなった。

ギリシャでは何千年ものあいだ、人々は山から木を切りだし、野生動物を狩り、山羊を飼い、小麦を育てることによって生活を営んできた。そのような生活の中で西洋哲学が生まれ育ち、帝国が成立し、西欧文明の礎が築かれた。それらはいずれも、恵み豊かな森林を犠牲にした生活の中から生まれたものである。地中海沿岸の乾燥気候の土地では、生態系の復帰可能性（第五章参照）は小さい。いったん破壊された森林が回復することはなく、その結果、私たちが今日目にする乾いた白亜の丘陵地という光景が残されたのである。

3　誰が北米大陸の生態系を変えたのか

ネイティブ・アメリカンの森

近代から現代にかけてもっとも急激な生態系崩壊を経験し、またそれを対象とした環境史的な分析がさかんに行われている地域は、アメリカ合衆国東部をおいて他にはない。そのような研究の中から、開拓にともなう生態系の変遷と、先住民の文化と植民者たちの西欧文化という異なる二つの文化の対立が、生態系の利用のあり方や、それがもたらした帰結とどのような関連にあったのかという点についての認識が深まりつつある。

英国人の入植者たちがプリマスのコロニーにやってきたのは、一六二〇年である。そのころの北アメリカの東部は、多くの野生動物が生息する深い「原生林」におおわれていた。しかし、入植者たちを圧倒した暗く深い森は、実は決して原生的な森林というようなものではなかった。その当時の森林は、すでにアメリカ先住民たちの生活活動の影響を強くうけていたからである。

先住民が北アメリカの東部にはいってきたのは、メイフラワー号の到着からさかのぼることはるか昔、今から一万五〇〇〇年ほど前のことであると推測されている。それはちょうど最終氷期が終わり、氷河が北に向かって後退しはじめたころである。それからしばらく後の一万八〇〇〜一万年前ごろに、マストドン、マンモス、オオアリクイなどのマクロファウナと総称される大型の哺乳類や、それらを獲食としていたサーベルタイガーなどがいっせいに絶滅したことが、古生物学の研究から明らかにされている。この大量絶滅に先住民がどのくらいかかわったかについては論争のあるところだが、これら大型哺乳類の絶滅には、先住民による狩猟、気候の変動、病気、あるいはそれらのくみあわせが関与したと推測されている。

マクロファウナの動物たちの想像図。上がゾウの祖先のマストドン。下がカバの祖先のリノセロサス。

マクロファウナの動物たちの絶滅に先住民たちが大きく

かかわったと考える研究者は、狩猟にくわえて、火をつかって植生を管理したことの影響を重視している。それが哺乳動物の絶滅要因としてどのくらい重要であったのか、その確かなところはわからないが、先住民は、焼き畑農業のために森林を切りひらいただけでなく、キイチゴ類の豊富なギャップ(森の中の空き地)をつくるために森林を部分的に焼き、森林植生に相当大きな変化をもたらしたと推測されている。

しかし、自然の落雷などによる山火事と、先住民が意識的に起こした火事は、頻度や規模においてどのくらい異なるものなのだろうか。先住民がつくったギャップがシカ類にとって餌の豊富な格好の生息場所となったため、北アメリカの森林地帯に先住民が移動してきたことによって、シカの個体数の増加がもたらされたと推測されている。けれども先住民たちは、広大な面積にわたって森林を切りひらいたり、その後に異なる樹種の木を植林するようなことはしなかった。したがって、ヨーロッパ人の入植者がもたらしたあまりにも大きな変化にくらべれば、先住民たちのもたらした影響はとるに足らないものであったともいえる。

先住民は部族ごとに移動しながら森を切りひらき、農耕(移動耕作)と狩りを営んだ。ふたたび同じ場所に戻ってくるころには、切りひらかれた森は完全に蘇っており、地力も耕作が可能なまでに回復していたであろう。先住民は、狩りと移動耕作の両方を通じて生態系にたしかに影響をおよぼしたが、それらは規模も小さく、またそこでもたらされる変化は可逆的なものであった。先住民がその生産と生活のために森を切りひらいてつくった空き地は、森の中に自然に生成するギャップよりは規模が大きかったかもしれないが、当時の広大な森林面積からいえば、それほど問題にはならない程度のものであった。しかも、周囲に豊かな森林がひろがっているかぎり、ギャップが再び森林に戻るために必要な種子などがまわりの森林から無尽蔵に供給されるため、森の回復は早く、それが失われるようなことはなかったと考えられる。

ヨーロッパ人はいかに森を破壊したか

しかし、ヨーロッパからの入植者は、商品として価値の高い材木、毛皮、魚および換金作物を得るために、先住民とはまったく異なる規模とやり方で、生態系を徹底的に利用した。大量の木材をとるために広大な面積にわたって森林を切りひらき、その跡地を定住農業のための農地とした。そのため、移動農業と狩猟の時代を通じて北アメリカ東部のほぼ全域をおおっていた森林は、急速に面積を縮小していった。地域によって森林の面積そのものは変わらない場所があったとしても、それは植林がなされた結果であり、樹種はまったく別のものに変えられてしまっている。入植者たちが行った大規模な開拓の結果、一九世紀中にこの地域からは、オオカミ、クマ、クーガー、ビーバーなどが絶滅してしまった。

移動農業においては、森の中の小規模な農地は、作物を生産し終えると自然に森に戻るにまかされる。一方、定住農業では、農地は農地としての永続性を追求される。しかし、地力の衰えや土壌浸食が深刻化して、多くの農地がふたたび放棄された。その後、植林などをへて、いったん農地になったところがみかけ上は森林に戻ったところも少なくない。しかし、その森林は、優先する樹種がかつての森林とはまったく異なる別のタイプの森林であった。

先住民の営みにおいては、森林の一部に食料を調達するための人為的なギャップがつくられたとしても、そのギャップは、自然のギャップと同じように時間がたつと森林に戻っていったのである。したがって、同じ森林が持続し、森林に依存する人々の生産と生活も持続性の高いものでありえたのである。しかし、入植者の生態系の利用の仕方は、同じ森林の存続を許すようなものではなく、短期間のうちに生態系は別の生態系へと変えられた。

日本列島で比較的最近までみられた里山《さとやま》での伝統的な自然利用は、アメリカ先住民よりは大規模に原生的な生態系を変化させるものであったかもしれないが、それでも、多様な自然の要素を失うことなく、その持続性を確保したという意味において、今後の人類の持続性を考えるうえで学ぶべき点が少なくない。

4 足尾銅山で起きたこと

樹木のほとんど生えていない岩肌のむきだしになった山のつらなる足尾《あしお》の景色は、緑におおわれた山々をみなれている私たちの目には、めずらしい異国の風景のように映る。そこでわずかにみることのできる草本植物は、重金属に耐性のあるヘビノネゴザというシダぐらいであり、まれにみられる樹木はリョウブぐらいでしかない。

足尾の山々にひろがるこの特異な景観は、観光客のよびこみのために皮肉にも「日本のグランド・キャニオン」と称されているが、銅の採掘・精錬という人間活動によってもたらされたものである。近代にいたるまで深刻な生態系崩壊をそれほど多くは経験してこなかった日本列島において、近代以降に生じた生態系崩壊としてもっとも深刻で、しかも今日にいたるまでほとんど回復がみられていないのが、足尾銅山による生態系破壊である。

すっかりはげあがってしまっている足尾の山々。治山事業が行われているが…（写真提供：JTB フォト）。

日本近代史の暗部として

栃木県足尾町の渡良瀬《わたらせ》川上流に位置する足尾銅山は、一六一〇年（慶長一五）に発見されたと伝えられている。ほどなく銅山は幕府の直轄領となり、明治の民間経営の時代をへて、途中に休山の期間をふくみながら、銅の採掘や精錬は一九七三年（昭和四八）の閉山まで、実に三五〇年間にわたって続けられた。そこで採掘される銅は、最盛期の一九〇〇年（明治三三）には、日本で産出される銅の四割を占めたという。

銅の鉱石は、その多くが硫黄《いおう》をふくむ硫化物であり、精錬の過程で亜硫酸ガスが発生する。足尾の鉱床には砒素《ひそ》をふくんだ硫砒銅鉱があり、精錬すると同時に有毒ガスである亜砒酸が発生する。江戸時代の銅の精錬は、粘土と石でつくった炉の中で、三〇日ほど大量の薪や炭をつかって鉱石を燃やしつづけることで行われた。薪や炭は、付近の森林を伐採することによって調達されたため、足尾の山々は江戸時代にすでにかなり荒廃していたといわれている。

明治時代に若干の経緯をへて古河家の単独経営となると、銅の精錬に西洋式の炉がとりいれられ、また新しい鉱床も発見されたことで、銅の生産量が飛躍的に増加した。それにともない、薪炭需要が大幅に増して官有林を中心とする山林の乱伐が拡大した。明治中期には、ベッセマー炉（転炉に酸素を吹きこみ、高温で精錬を行う）が導入され、燃料は石炭やコークスに代わった。薪炭の需要は少なくなったが、ベッセマー炉からは亜硫酸ガスが大量に発生するため、今度は煙害が激化し、精錬所から発生する亜硫酸ガスや亜砒酸をふくむ煙によって、一帯の山林や農作物に広く被害が生じることとなった。その様子を、農商務省の技師であった和田国二は次のように記述しているという。一八九三年（明治二六）のことである。

足尾銅山精錬所より派生する亜硫酸ガスそのほかの有毒ガスの煙塵《えんじん》害を被った箇所は一樹一草をとどめず、赤々として山骨を露出し、漸次地剥離《はくり》して、岩石の崩壊を来すべき惨状を呈していた……。

（足尾銅山鉱毒事件調査委員会報告書）

一八九七年（明治三〇）から二年間、足尾官林復旧事業が実施され、いくつかの沢筋の二四〇〇ヘクタールの土地にスギ、ヒノキ、カラマツなどが植栽されたが、このときはごく一部の沢をのぞいて、ほとんどの苗が枯れたという。一九〇六年（明治三九）から一三年（大正二）まで足尾国有林復旧事業が実施され、土壌が失われたところでは治山工事を実施してから植林が行われたが、精錬所からの煙害が続いていることもあって、これも空しい努力に終わった。

煙による被害は、大正末期になるとその範囲が二万七〇〇〇ヘクタールにまで達し、中禅寺湖《ちゅうぜんじ》畔の御料林まで被害をこうむるほどであったという。銅の生産量がピークを迎えた時期の被害調査の報告書には、「被害森林はとうてい回復のみこみなし。崩壊も連年甚だしくなり治水上の危険増大」と記されている。

足尾を救えるか

銅山の開発、銅の精錬にともなう森林伐採、山火事、明治時代半ば以降にもたらされた亜硫酸ガスをふくむ煙害などによって付近一帯の森林が失われた経緯は、以上のとおりである。森林を失った山からは土壌が流出し、自然の力では決してその回復が望めない、広大なはげ山地帯が残された。とくに銅の精錬にともなって亜硫酸ガスが大量に排出された一八八七年（明治二〇）から一九五六年（昭和三一）までの七〇年間は、木々が次々に枯れ、森林への被害が急速に拡大した時期であった。

森林を失った足尾の山々からは、大雨が降れば土石流が流れだし、下流域には頻繁に毒水の洪水がもたらされた。洪水と鉱毒による被害から下流域をまもるために、現在の渡良瀬遊水地がつくられたが、そのさい、谷中《やなか》村が廃村を強要され、田中正造《しょうぞう》が先頭にたって抵抗したにもかかわらず、村民たちが犠牲になったのは、あまりにも有名な話である。

第二次大戦後、本格的な復旧工事がはじまり、一九六五年からは、ヘリコプターをもちいて土壌改良材、肥料、種子をまくなどの大がかりな緑化工事が行われている。公共の緑化事業の歴史は一〇〇年以上にわたる。しかし、巨額の国費が投じられ、多くの人々が血と汗のにじむような努力を惜しまなかったにもかかわらず、これまでに森林の回復がみられたのはごくわずかである。

また「緑化」された山も、森林生態系の復元あるいは機能回復からはほど遠い現状にある。日本は温暖で雨量にめぐまれ、乾燥地域にくらべれば、森林を成立させたり、維持することが容易なはずと考えられてきた。しかし、広大な地域から森林が土壌とともに失われてしまえば、生物の多様性までふくめた完全な回復が不可能であることや、たんに森林を回復させるだけでも膨大な費用と労力と時間がかかることを、足尾の山々にひろがる寒々としたはげ山の光景は無言のうちに物語っている。

足尾銅山の操業にともなう大規模な生態系破壊は、下流地域にもひどい公害をもたらし、おびただしい数の人々に悲惨な運命をおしつけた。しかも、銅山の経営によって少数の人が手にした利得の何倍にものぼる公の費用が投じられたにもかかわらず、これまでに森林を回復させることができたのは、そのごく一部にすぎないのである。

しかも、緑化に外来牧草がもちいられたため、足尾の山には広大な牧草地がひろがり、冬でも餌の豊富なシカの越冬地となった。北関東における最近のシカの大増殖の一因とも考えられ、第四章で述べるように、奥日光の森林や尾瀬の湿原の生態系の大きな脅威となっている。それは、自然における影響の連鎖が、思いもかけない重大な結果をもたらすことがあることを示す好例である。

しかし、そのようにまわりの生態系にまで多様な負の影響をおよぼすほどの大きな「負の遺産」を抱えこんだ足尾においても、今では植生を適切なやり方で回復させるための市民の活動がはじまっている。

その中で注目に値するのは、谷中村を犠牲にしてつくられた渡良瀬遊水地の自然をまもろうとする人々との連携である。足尾の山々から流れくだった土壌を貯める広大な遊水地で育ったヨシを刈り、葦簀《よしず》にして植生回復のための基材にすることで、そこにふくまれる肥料分を足尾の山にかえそうというものである。それは、流域における強く一方向にかたよった物質の流れを、人為によって少しでも適切なかたちに戻そうという試みである。

失敗を回避するために

いくつか例を紹介してきたように、これまで人類は、過剰利用や誤用による生態系の崩壊ともいえる現象をいくども経験してきた。自然の恵みにたよって生活し、生産にたずさわる人々は、生態系の変化にいち早く気づき、その悪弊を改めることはできなかったのであろうか。

残念ながら、そこには「コモンズの悲劇」、すなわち共同で利用されている土地は過剰利用を免れえないという原理が働いていたようである。しかし、生態系に起こりつつある変化の徴《きざし》を読んで、その利用のあり方を制御することができれば、深刻な生態系崩壊は免れたはずである。少なくとも今後については、生態系の望ましくない変化の兆候を鋭敏にとらえ、適切に利用を制御するような管理を実施することが必要となってくるだろう。そのさいに有効な手法が、第六章で詳しく紹介する「順応的な管理」とよばれる手法である。

第二章

生態系観の変遷

荒ぶる神ともなるイノシシ

I 『もののけ姫』の自然観

宮崎駿《はやお》というアニメ映画の監督をご存知だろうか。『風の谷のナウシカ』『天空の城ラピュタ』『となりのトトロ』『魔女の宅急便』『紅の豚』といった、日本のアニメ映画史を書き替えるような作品を次々におくりだしている人である。その宮崎監督が一九九七年（平成九）に大ヒットさせたのが、『もののけ姫』という作品である。この映画は、一三〇〇万人を超える観客動員を記録し、日本映画の配収記録を更新し、一九九九年の秋には、*Princess Mononoke* のタイトルで北米地域の一三一館で上映されたほどである。テレビでも何回か放映されているが、そのたびに視聴率は二五パーセントを超えるという。

なぜ、『もののけ姫』が日本でも北米でも、それほどまでに広範な人々にうけいれられたのであろうか。ここではそれを考えることをきっかけに、現代生態学の生態系観や「ヒトと自然の関係」などについて考えてみたい。

『もののけ姫』とは

まずは、簡単にストーリーを追ってみよう。

物語の舞台は中世、おそらく室町時代の日本。主人公は、東北の山里で暮らすエミシ一族の王家の血をひく若者アシタカである。ある日、怒りと憎しみに猛《たけ》り狂ってタタリ神となった猪神が、アシタカの住む村を襲った。猪神を撃ち殺したアシタカは、死の呪いをかけられてしまう。その呪いの謎を解くための旅にでたアシタカが訪れた西の国では、荒ぶる神々と人間たちのあいだに戦端がひらかれようとしていた。

そこには太古の原生林が残り、人間の言葉を解する山犬や猪などの獣たちが棲んでおり、人間たちからは荒ぶる神々として怖れられていた。聖域たるその森林をまもっているのは、獣たちを従える、人面と獣の身体、樹木の角をもつシシ神であった。

アシタカは、人間の子でありながら山犬モロに育てられた「もののけ姫」サンとであう。サンは、神々とともに、タタラ集団と戦っていた。タタラ集団は、エボシ御前《ごぜん》という女性のリーダーに率いられ、周辺の原生林を切りひらき、鉄をつくっている。エボシ御前は神々を森から

「もののけ姫」サンと山犬モロ（©1997 二馬力・ＴＮＤＧ）。

一掃し、そこを人の暮らす豊かな土地に変えようとしていた。

シシ神には不老不死の力が備わっているとされており、ミカドの秘命をうけたジコ坊率いる謎の一団や、当地の大侍《おおざむらい》であるアサノ公方《くぼう》などがいりみだれ、シシ神の首をめぐって、熾烈な戦いがはじまる。アシタカとサンは、その戦いの中でしだいに心を通わせていく。

しかし、人間と獣たちの戦いは激しさを増していき、ひどい手傷を負った猪神の乙事主《おっことぬし》がただの荒ぶるタタリ神と化してしまう。サンは、タタリ神と化す乙事主を鎮めようとするが、逆にタタリ神に呑みこまれてしまう。アシタカは、死を覚悟でサンを救出しようとする。

神々と人間たちの激しい死闘によっていったんは死に絶えようとした森だが、シシ神の奇跡の力によって蘇る。森に平和が戻ると、アシタカは好きだが、人間を許せないというサンに対して、アシタカは、それでもともに生きようと語りかける。

「常識」としての自然観

この映画では、「ヒトと自然の関係」が重要なテーマとしてとりあげられている。物語の舞台が中世の日本であるにもかかわらず、実はこの映画の背後にある自然観は、現代のユニバーサルな常識、それも、西欧的な常識によくあったものである。それは、自然とヒトを対立する存在としてとらえているからである。日本でも、今では多くの人がそうした常識を身につけているため、この映画は多くの人にうけいれられたのではないだろうか。もちろん、北アメリカの人々にとっても同様である。

『もののけ姫』に代表される現代のユニバーサルな常識的自然観では、自然と人間を次のように矛盾にみちた対立的な存在とみる。

ヒトの力がおよばない自然は、神々しくも調和のとれた自然、シシ神が秩序の象徴として君臨する自然である。しかし人間が豊かな生活を築くためには、聖域ともいうべき原生的な自然、神々の原生林を破壊せざるをえない。

そのため人間と自然のあいだには、決して解消することのない矛盾が存在する。なぜなら、人間にとって自然とは、戦いを挑んで征服すべき対象でしかないからである。エボシ御前がシシ神の首を射落とすように、豊かな人間の生活のためには原生的な自然は開発されなければならないのである。

一方の自然は、開発というヒトが仕掛ける戦いに対して、時として巨大で懲罰《ちょうばつ》的な力で対抗する。それは、報復にもみたてることができる。原生的自然は荒ぶる神々の住む場所であり、開発に対する自然の側からの報復は、恐ろしいタタリ神の姿をとることになる。

以上のような自然観にたてば、当然のことながら、自然の側に棲むサンと人間のアシタカは、同じ場所でともに暮らすことはできない。「荒ぶる神々である自然と人間との戦いには、決してハッピーエンドはありえない」というわけである。

人と自然は対立するのか

そうした「常識」は、今ではあまりにも広く、そして深く人々の心を支配しているようである。かならずしも現実を適切にとらえる視点を提供するとはかぎらなくとも、誰にでもわかりやすい説明が常識となるからである。人は、あまりに複雑で理解しがたいものが意識されると落ち着かなくなる。単純化したわかりやすい見方や説明があたえられ、それで理解したつもりになれれば落ち着ける。だからこそ、『もののけ姫』に代表される自然観は、その単純明快さゆえに広く人々の心をとらえているのであろう。

しかし、それは結局、人々に「人か自然か」といった二者択一を迫ることにしかならないのではないだろうか。むしろ、「しょせん、自然を破壊しなければ人の生活はなりたたない」というあきらめに陥らせる危険性がはるかに大きく、やがては、自然破壊を正当化するメカニズムの中にくみこまれる可能性すらあるのではないだろうか。

おそらく日本における伝統的な自然観は、自然と人をそのように対立させるものではなかったと思われる。それはむしろ、昭和初期を舞台にした『となりのトトロ』の世界のように、「人と自然」が同じ空間を共有し、ともに育ち、生かしあうことを当然とするものであったのではないかと思う。

つい数十年前まで、この日本列島に普通に存在していた里山は、森あり草原あり水辺ありの多様な場であり、人がそこから生活と生産に必要な資源を調達する場であると同時に、生き物の賑わいにみちた、人と自然がともに生きる場でもあったのだから。

すでに前章でも簡単にふれたように、現代生態学における生態系観も、決して人と自然を対立させるようなものではない。むしろ、人を生態系の重要な要素であると考える。人の領域か自然の領域かという二者択一の論理はそこにはなく、「人と自然の関係」には非常に幅広いスペクトルがありうると考える。また、たとえ人為がくわわらなくとも、生態系はダイナミックに変化するものであり、調和のとれた理想の状態にとどまるようなものではないことも、すでに述べた。しかし、生態学においてそのような生態系観が優勢になったのは、二〇世紀も半ばをすぎてからである。

人類は、その歴史を通じて、つねにみずからをとりまく世界をさまざまなやり方で認識してきた。初期には神話が重要な役割を担っていたが、ある時期からは科学もその役割を担うことになった。その中で生態系は、私たちのごく身のまわりから地球規模にまでひろがる自然について認識し、分析をくわえるためになくてはならない科学の概念である。生態系は、自然科学が現在あつかっている対象の中で、もっとも複雑なものの一つということができる。

ここでは、生態学の発展とともに自然に対する見方がどう変化してきたのか、また生態系という概念はどのようにして生まれ、また変化してきたのか、その変遷を手短にたどってみよう。さらに、古典的な生態系観が野生動物や自然の管理に応用されて生じた失敗例についても紹介する。

2　生態系を生体に喩えることはできるのか

調和と秩序と安定と

自然を、本来はバランスのとれた安定した存在だとみる見方は、その起源も古く、それはすでに述べたように、現代においてもかなりの影響力をもつ自然観である。そのため、不安定性やバランスの崩れなどは、もっぱらヒトの干渉によってもたらされるものと信じられている。宮崎駿監督の『もののけ姫』で描かれているのは、まさにそのような世界である。

すでに述べたように、生態学においてもしばらく前までは、調和がとれ、秩序と安定をたもつ原生的な自然という見方が優勢であった。例えば植物生態学では、調和がとれ安定した生態系の代表ともいえる原生林は平衡状態にあり、枯れた木は、ちょうどそれと同量のバイオマス（乾燥重量）の若木でおきかえられると考えられていた。もしそうでないとすれば、平衡状態にあるとはいえないからである。

調和のとれた秩序正しいものとして自然をみる見方は、少なくとも数千年をさかのぼる歴史をもつようである。ギリシャ時代の人々は、季節というのが一年後にはかならずまためぐり来ること、洪水やイナゴの大発生が起こっても、時がたてばかならず終息することに、みごとなバランスと調和のもとにある自然の姿をみていた。また、すでにギリシャ時代には、動物種間の生態的な関係の調和に注目して、どうしてそのような調和がたもたれるのかについて、次に述べるような議論がなされていたようである。

食うものと食われるもの、つまり捕食者とその餌動物は、一見すると調和をたもつことのむずかしい、矛盾をはらむ関係にあるようにみえる。捕食者の飽食は餌動物の嘆きを、餌動物の安泰は捕食者の飢えを意味するようにみえるからである。しかし、古代ギリシャの歴史家ヘロドトスは、捕食者とその餌動物との関係をむしろ調和し安定したものとみなした。そして、捕食者、すなわち食うものが、食われるもの、すなわち餌動物を絶滅させることがないのは、両者のあいだに繁殖率の差があるからだと説明した。つまり、ライオンは餌とする動物よりも繁殖力が劣るため、ライオンによる餌動物の食べつくしは起こらない。そのため捕食者と被食者は数のうえでバランスがとれ、両者の関係は安定している。その安定をもたらす繁殖率のちがいこそが、調和と秩序を重んじる神の深慮だ、というのである。

キリスト教が西欧を支配した時代を通じて、秩序と調和の支配する自然という見方が堅持された。神の創造した自然が調和や秩序を欠くものであってはならなかった、というべきかもしれない。そして、無秩序や非平衡は、神が罪人を罰する意図でもたらす異常な出来事とされた。

近代になると、そうした平衡や調和をもたらすメカニズムが科学的に問題にされるようになり、ヘロドトスが考察したような種間の関係が重要な説明原理としてとりあげられるようになった。

「シカが増えすぎないのはオオカミがいるから」という訳である。そのような説明は、後で詳しく説明するように、かならずしも生態学的に正しいわけではない。しかし、単純明快でわかりやすい説明として、広く一般的に社会にうけいれられてきた。

しかし、調和と秩序のある自然という見方にたつと、そこからひきだされる見解は、「自然のバランスの崩れはひとえにヒトの干渉によるものであり、人為から免れるようにさえしておけば、自然は良好な状態に復帰する」というものでしかない。もしそうであれば、「生態系の管理」などは意味のないことになる。「もののけ姫」であるサンが人間を許さないように、ひたすら人為を排することだけが「自然のために」なすべきことになる。そうなると、そこには科学の関与する余地はない。さらには、ヒトと自然は対立し、矛盾しつづけるのが定めという考え方をつきつめると、生態系の科学である生態学は、無用どころか、有害な学問だということにさえなる。対象になんらかの干渉をもたらすことなく、科学的研究はなしえないからである。

一方で、生態学の研究がすすむにつれ、現実の自然の姿はかならずしもそのようなものではないことが明らかにされつつある。そして、現代の生態学においては、後に詳しく述べるように、調和やバランスよりも、むしろその反対の、非平衡、変化、不確実性などが強く意識されている。ヒトによる干渉が、自然のさまざまなダイナミクスと相互に作用しつつ生態系のあり方を決めているのであれば、生態学は、望ましい干渉のあり方や避けるべき変化を明らかにするためになくてはならない科学だということになる。そこで以下では、生態学における生態系観の変遷をたどってみることにする。

植物群落はどう移り変わるのか

生態系に調和や平衡や安定をみいだそうとする傾向は、科学としての生態学の発展の初期には「有機体説」のかたちをとった。有機体、すなわち生物個体であれば、体内にさまざまな調節機能をもっており、恒常性がたもたれるからである。そのような見方をひろめたのは、二〇世紀初頭に北アメリカの植生を精力的に研究した生態学者のクレメンツである。

森林がたんなる要素のよせ集めではなく、そこにはかならず決まった種のくみあわせがみられるということは、一九世紀から意識されていた。クレメンツは、それを植物群落という実体として把握しようとした。そして、植物群落が時間とともに移り変わっていく有様に法則性を認めて、それを「遷移」と名づけたのである。

火山が噴火し、その噴出物が付近一帯を厚くおおったとしよう。しばらくのあいだそこには、草木がまったく生えない月世界のような風景がみられるだろう。しかし、しばらくすると、草本植物や灌木が生えるようになり、やがては、明るい痩せ地を好むマツなどの樹木の若い林となる。その後、徐々に樹種の交代が起こり、最終的には、その地域特有の極相林《きよくそうりん》が成立して安定化する。その極相林こそ、その場所でのありうべき自然の姿である。極相にいたる前のさまざまな群落は遷移の途中相であり、その土地にとってはかりそめの植生である。以上が、植生遷移にかんするクレメンツの基本的な見方である。

クレメンツの遷移説によれば、遷移の法則性は、光・空間・水をめぐる植物間の競争と植物による環境形成作用、すなわち、ある種の植物がその場で生育することによって土壌や地表近くの光環境などが変化すること、などによってもたらされる。初期には陽地を好む草本や樹木が成長するが、そうした作用により、しだいに日陰を好む植物におきかわっていく。そして、陰樹からなる安定した植物群落である極相群落が成立すると、遷移はとまる。

遷移の最終段階ともいえる極相がどのような植物群落であるかは、それぞれの地域の気候によって決まり、極相群落は、その状態を永遠に維持する可能性をもっている。極相へと植物群落を導いていく傾向はきわめて強力なものであり、途中相で生じる偶然の効果などは、極相へとむかう強力な「傾向」によってすべてうち消されてしまう、というわけである。

これは、生態系には極相という本来の姿があり、たとえなんらかの撹乱によって変化が生じ、かりそめの姿（途中相）をとることになったとしても、いつかはその本来の姿にかならず戻るはずだという、静的で決定論的な、それゆえ単純明快な見方である。極相林へむかうその道筋は、まるで運命のごとく決定されているとするのだから、確実な予測とそれにもとづいた管理も可能だということになる。

有機体に喩える

全体として調和がとれ、安定した存在であるとして、クレメンツは、極相林を恒常性をもつ有機体に、遷移を成長過程に喩えた。この比喩はとてもわかりやすい。私たちは、未知のもの、未解明のものを認識するときに、まず、無意識のうちにすでによく知っているものに結びつけて理解しようとする。喩えは、直感的な結びつけとして誰にでもわかりやすい。そのため、複雑な対象の理解を助け、むずかしい問題の解決に役だつこともある。

しかし、森林をはじめとした生態系は、どのような空間的スケールでとりあげるにしても、非常に多くの要素と要素間の関係をふくむ、きわめて複雑で把握しにくいものである。それを有機体、すなわち生物個体に喩えると、その複雑なシステム全体をよく理解したような安心感が得られるのは確かである。一八世紀後半には、スコットランドの地質学者、科学者であり、ナチュラリストでもあったハットンが、地球を超個体、つまり「有機体をうちにふくむ有機体」として、あるいは、個体を超える存在でありながら、あたかも個体のようにふるまう存在として認識することさえ提案している。

また、すでに述べたようにクレメンツは、植物群落を超個体である有機体に、植生が時間とともに移り変わっていく現象である遷移を個体の一生に、それぞれ喩えた。そして、地域のすべての生物の集合を示す生物群集という用語を提案した。

しかし、これらの有機体の比喩にはかなり無理があったと考えざるをえない。なぜなら植物群落や生物群集は、生物個体のもつもっとも本質的な特徴を欠いているからである。

まず個体は、外界とはっきり区別できる身体をもっている。つまり、どこまでがその個体なのかという空間的な範囲が明瞭であるという特徴をもっているのである。しかし、生物群集や生態系は、その空間的な範囲を任意にしか決めることができない。

また個体は、生殖によって新たな個体をつくり、遺伝によってその子孫に類似した性質を伝えるが、生物群集や生態系には、そのような生殖の機能も、遺伝や複製という性質もない。

さらに、個体は恒常性と自律性という性質をもっているが、生物群集や植物群落は、そのような制御機構をもっていない。それどころか、その要素の種は、それぞれがその分布拡大などにおいて独自にふるまう。後に詳しく述べるように、現在は同一の群落（植物の群集）に共存する種も、それぞれが異なる時期にその地域にはいってきたということを、花粉分析（第一章）によって示すことができる。

生態系が、もし恒常性のある有機体としての性質をもっているとすれば、ヒトはそれに干渉をくわえないのが一番ということになる。『もののけ姫』では、太古の森がシシ神という有機体によって表象されているからこそ、それを傷つければ恐ろしいタタリが生じるのである。

3　生態系概念の誕生

生態系の提唱

クレメンツの極相説が発表された直後から、安定で調和のとれた極相という考え方に異議を唱える研究者は少なくなかった。とくに、英国の研究者の多くがこの説に懐疑的であり、時と場所によって異なる現象や偶然のなりゆきが、そこに成立する森林に大きな影響をあたえるのではないかと考えられていた。合衆国の研究者も、例えばグレアソンは、外観はよく似ている植物群落であっても、場所によっては種の組成が異なること、すなわち、植物群落はそれぞれの場所で、それぞれ異なる個性をもった異なる存在であることを強調した。一九二六年のことである。しかし、単純明快なクレメンツの単一極相説のほうが一般にはうけいれられやすく、グレアソンの影響力は生態学の中だけにとどまった。

さらに一九三五年には、イギリスの生態学者タンズレーが「生態系」という概念を提案した。群落や群集をあらわすのは、「共同体」を意味するコミュニティ（community）という単語であるが、この語のもつ擬人的なニュアンスに、タンズレーは我慢できなかったといわれている。そこで、「生態系（ecosystem）」という比喩的な要素のまったくない新たな概念を提案し、それを、「ある場所の生物とそれらの環境をかたちづくっている物理的要因の複合全体からなる複雑なシステム」と定義したのである。

花粉分析が明らかにしたこと

一九五〇年代になると、花粉分析（第一章参照）によって過去の植生を復元する研究がさかんになった。それによって、クレメンツの極相説の劣勢は決定的なものとなった。北アメリカでは過去四万年のあいだに、植生が絶えず変化しつづけたことが明らかになったからである。また、極相林とされるものの構成種も、気候変動におうじてそれぞれの種が独自に、その分布域を変化させてきたことが明らかにされた。

アメリカ合衆国コネティカット州にあるロジャーズ湖の湖底堆積物を、花粉分析によって詳しく調べた報告がある。その結果にもとづいて、最終氷河期以降の北アメリカにおける森林の回復過程を追ってみると、氷河が後退するにつれて、マツ類が最初に北上し、ナラ、ベイツガがそれに続き、ブナ、クルミ、クリはさらにそれより遅れて北上したことがわかるという。

そのような研究成果の蓄積から、気候変動によってもたらされる種の分布拡大の速度は、種子分散の特性などに大きく依存し、種はその生態学的な特性におうじて、それぞれが独自の動きをすることが明らかになった。すなわち、種子分散の距離が大きい植物では分布拡大が速く、種子が動きにくい植物は分布の拡大も遅いというのである。

それでも、地球上の氷河期・間氷期のくりかえしのタイム・スケールからみれば、せいぜい一年に数百メートルと推定される植物の種の分布拡大は、決して速いものとはいえない。そのため、現存種の地理的な分布は、その生理的・生態的特性からみると、かならずしも生育可能な地域全域をカバーしているとはいえない。したがって、植生における種のくみあわせは決して平衡に達しているというようなものではなく、むしろ偶然に支配されつつ決められた、一時的なものとみたほうがよいと考えられるのである。

そのような研究がつみかさねられた結果、地域に共通する極相、安定した極相などというものは、厳密な意味では存在しないことが証明され、クレメンツ流の「単一の安定した極相」という見方は、少なくとも生態学からはほぼ完全に払拭されたのである。

ところが現代の生態学のメッセージの一般への伝わり方は遅く、生態学と一般的な常識のあいだには、現在ではかなりの乖離《かいり》が生じてしまっている。

非平衡と不安定と不確実と

単一の安定した極相、みごとな調和をたもつ自然という見方に代わって、数十年ほど前から生態学の分野で支配的になっているのは、「非平衡で、不安定で、不確実性の大きい自然」という見方である。

その先駆けとなったのは、ワットのパッチ・ダイナミクス説である。彼は一九四七年の英国生態学会における演説において、「森林は、撹乱後に植生が発達しはじめた時期の異なる無数のパッチ（小区画）からなるダイナミックなモザイクであり、また潮間帯には、波の作用によって移り変わっていくパッチのモザイクが認められる」と述べた。つまり、植物群落は、決まった種の安定したくみあわせからなるようなものではなく、遷移段階の異なるパッチのモザイクだというのである。

このダイナミックなモザイクの意味するところは、それぞれのパッチが時間とともに状態を変化させつつも、全体としてはつねに異なる状態のパッチから構成されているという、絶えずその状態を変化させるダイナミックなシフティング・モザイクの考え方である。

ピケットとホワイトの著書『撹乱と不均一性の生態学』は、そのような新しい生態系観をはっきりしたかたちで体系化するのに役だった画期的な著作である。今では生態学の中で常識となっているその新しい見方によれば、自然は、人為的な干渉を排しておけば、よりバランスのとれた安定な状態へと導かれるような単純なものではない。森林を例にして、撹乱と不均一性のもつ意味を説明してみよう。

なんらかの撹乱によって植生にできた隙間《すきま》は、その規模を問わずギャップ（隙間という意味の英語）とよばれる。大きなギャップができると、まず十分な陽光にめぐまれた環境に適応したパイオニア植物、先駆植物がいっせいに成長を開始する。それら先駆植物の種子は、ギャップができる前から土壌中にシードバンク（種子の貯蔵庫という意味で、生きた種子の集団をさす）を形成している場合もあれば、ギャップが形成されてから風や動物によって運ばれてはいってくる場合もある。

シードバンク中の先駆植物の種子は、ギャップの環境条件を感知して発芽する性質、すなわちギャップ検出機構をもち、ギャップ形成に素早く反応して発芽し、新たな植生を発達させる。新しい植生が成立すると、そこに食物や隠れ場所をもとめていろいろな動物がやってくる。それらの動物が運びこむ種子からもまた、多様な植物が芽生える。植物の密度が高くなった植物群落の中では、その生育に十分な陽光を必要とする先駆植物の芽生えはもはや生存できなくなる。そのようにして、いわゆる遷移とよばれる植物の種類の交代が起こるのである。

いわゆる極相林とよばれる成熟した森林の中にも、いろいろな大きさと履歴をもった多数のギャップが存在する。それらのギャップでは、その大きさにおうじて光環境などの環境条件が異なっている。しかも、種子分散の偶然性にも支配されているため、先駆種をふくめ、遷移のそれぞれの段階で出現する種の交代が起こるのである。どのような森林も、できたばかりのギャップと、ギャップから出発した多様な植生発達段階にあるパッチから構成される空間的に不均一なシステムであり、また、先述したダイナミックなシフティング・モザイクであるともいえる。

自然が変わった

平衡、調和、秩序よりも、撹乱、不均一、変動などを重視する傾向が生態学の中で優勢になってきたのは、生態学研究者が研究対象とする自然そのものが変化したこととも無関係ではないかもしれない。

クレメンツなどの古きよき時代のアメリカ合衆国の生態学研究者は、まだ開発がおよぶ前の、どちらかといえば原生的な自然を研究のフィールドとすることができた。広大な原生的森林の中では、形成されたギャップにまわりからさまざまな植物の種子などの繁殖子が供給され、その中から環境条件にあったものが選ばれる。そのため、遷移はどちらかといえば規則的にすすむことが期待でき、研究者は、あるていど予見の可能な、すなわち明瞭な法則性に沿った植生の変化を観察する機会にめぐまれていたといえる。

しかし、人為的な干渉を強くうけた場所が多くなり、森林が島のように孤立するようになると、あらたに生じたギャップでの植生変化は、種子供給源が近くに存在するかどうか、といった偶然の影響を強くうけることになる。撹乱と不均一性と変動性は、もちろん原生的な自然においても重要な意味をもつプロセスと特性であるが、人為的な干渉が大きくなればなるほど、それらの役割は大きくなり、際だつようになるといえる。

4 単純な生態学理論がもたらした荒廃

二〇世紀には、自然の保護・保全よりも、どちらかといえば農業生産や林業生産を増すために生態学の理論がもちいられた。森林管理にも生態学が応用されたが、そこでは、生産力を最大にするための樹木の成長にかんする一般的理論が重視された。例えば、森林の生産力は若い林のほうが大きいという、遷移にともなう生産力の変化にかんするやや単純化された一般論にもとづき、老齢林を切りはらって森林を若がえらせるという政策がとられるなどである。しかし、そうした政策は結局は裏目にでて、西部の森林はひどい虫害や山火事で荒廃することとなる。ここでは、ナンシー・ラングストンが研究したブルーマウンテン山地での事例を紹介してみよう。

ブルーマウンテンで何が起きたのか

ブルーマウンテン山地は、オレゴン州の中央部からワシントン州南東部にわたってのびる、長さ三一〇キロメートル、幅百数十キロメートル、平均標高二〇〇〇メートルの山岳地帯である。造山運動の後、流水によって谷がきざまれた溶岩台地上には、標高三〇〇〇メートルに近いいく筋かの高い尾根がそびえている。ブルーマウンテン山地にヨーロッパ人が入植したのは、一九世紀の初頭であった。

そのころこの一帯は、山火事にも虫害にも大きな耐性をもつポンデローサマツの巨木林でおおわれていた。ブルーマウンテンという名称は、山をおおうマツ林の深い青みがかった色彩に由来するといわれる。この地域では、現在、低標高地帯で灌漑農業が行われ、山麓《さんろく》斜面はその大部分が国有林となっている。

合衆国の森林局がこの地域での森林管理をはじめた当初、まず第一に目標としたことは、私企業が利潤追求のためにむやみに森林伐採をすることの抑制であった。また、生態学を基礎とした科学的な管理を行うことで「理想的な森林」をつくりあげることも目標の一つとされた。しかし、当時の理想的な森林とは、生産という経済的な視点だけによるもので、たんに若い森林ということでしかなかったのである。

私企業の利潤だけを考えた森林伐採において、多くの若齢木が無駄に犠牲になることが問題と考えられ、科学的な林業では、①火事を抑制することによって若齢木の成長をうながすこと、②老齢林を、整然とした若齢林でおきかえることが、何よりも重視すべき目標とされた。

乾燥気候のこの地域一帯の森林に人手がはいる前には、頻繁に小規模な山火事が起きており、山火事に適応したポンデローサマツが優占する森林が成立していた。火事で頻繁に焼かれる林の下層には、植物が密生することはなかった。ところが小規模な山火事を消火するような管理が行われると、低木などが茂って森林の下層は全体として暗くなってしまう。そのため、次第にポンデローサマツよりも耐陰性の大きいモミ類が優占するようになっていったのである。一方で、森の若がえりをはかるためにポンデローサマツの老齢木が伐採されたことも、モミ林への変化をいっそう加速したという。

火事を抑制すれば、若齢木が密生した藪《やぶ》の状態になるのはわかりきったことだが、当時はそれがむしろ望ましいと考えられた。二〇世紀初頭といえば、アメリカ社会全体が、競争をなによりもの美徳と考えていた時代である。若木がこみあった状態は光や水をめぐる厳しい競争をもたらし、その競争は弱い木を淘汰《とうた》して優れた性質をもつ木だけを勝者として残す。すなわち、厳しい競争の効用によって理想的な森林が形成される、というのが当時の森林管理者たちの考えであった。

合衆国森林局により、九〇年間にわたって森林管理が実施された結果、ブルーマウンテン山地は、ポンデローサマツの巨木を失っただけでなく、その景色すら大きく変えてしまった。成熟した老齢林はすっかり消え、かつてうっそうとした老齢林がみられた場所は密生した藪となり、今では虫害をうけて枯死したモミの木が点在して無惨な姿をさらしている。

優占樹種が、その土地の気候条件や自然の撹乱に適応した樹種であるポンデローサマツからモミ類へと変わり、森林全体が乾燥や山火事への耐性を失ったため、ひとたび干ばつや山火事が起こると、生理的な耐性の十分ではないモミ類は激しい虫害をうけ、ことごとく枯れてしまったという。

森林局の考えたこと

一九〇〇年代初期の森林局の調査によれば、西部の森林の七〇パーセントは老齢林であった。当時は、先述した「平衡状態にある極相林」という植物生態学の理論が優勢を占めていた時代である。平衡状態にある森林では、樹木が成長して蓄積したバイオマスの分だけ枯死木が発生してバイオマスが失われるはずである。それでは、せっかくの成長量が犠牲になってしまうと解釈されたのである。それに対して、極相に達していない若齢林は成長しつつある森林であり、バイオマス蓄積がそのまま材積の増加につながると当時の森林局の管理官たちは考えた。そこから導きだされた「科学的な森林経営」のための方針は、老齢林を若齢林に変えること、すなわち理想の森林づくりのためにはまず伐採ありき、というものであった。

それは、生態学の遷移および競争にかんする古典的な理論の単純な応用であった。一方で、多様な植物の共存する複雑な森林を、単純な理論をあてはめ、管理することの容易な、組成の単純な森林につくり変えるというのも、科学的管理をめざす立場からはきわめて魅力的な考えであったらしい。そこから、光と水をめぐる樹木間の競争を通じ、経済的な価値の高い樹種を優勢に、さらにはなるべく少数の種のみの単純な森林に導くこと、それが森林管理の重要な目標であると考えられたのである。

樹木間の競争だけを考えて種の交代をうながそうとする考え方は、森林生態系を独立した交換可能な部品の集合としてみる見方によるものでもある。生物間相互作用を通じての間接的な効果、すなわち、ある種をとりのぞけば、生物間相互作用の網の目を通じて、他の種にも間接的な影響がおよぶことがあるということは忘れられていた。

ポンデローサマツは、水分を周囲の灌木に供給することを通じて灌木の成長をうながす効果をもたらす。それによってポンデローサマツの栄養供給に重要な役割をはたしている菌根菌《きんこんきん》が増え、ポンデローサマツ自体の成長が促進される。実際の森林には、樹木間の単純な競争だけではなく、微妙で複雑な生物間相互作用のネットワークが縦横にはりめぐらされている。ここにあげた菌根菌を介した関係だけでなく、経済的な価値の高い森林にとって一見無用と思われる生物が、害虫の天敵として重要な役割をはたしているなど、間接的な効果として、私たちがまだ気づいていない多様なものが潜んでいるものと考えなければならない。実際の森林は、単一の生態学の理論だけではかりしれない複雑さと意外性を秘めている。不確実性を考慮して、現状の複雑さや多様性を損なわないように努力することの意義は、そこにある。

また、すでに述べたように、一見無駄にみえる小規模な火事をのぞいてしまうことで、森林には燃えやすい松葉や枯れ枝が蓄積し、火がつくと、破滅的ともいえる大火をもたらす可能性がある。

森林局がすすめた単純な理論にもとづく森林管理は、「持続可能性」とはほど遠いものであった。そのため、一九二〇年代に若がえりをはかる目的で大規模に伐採された林は、一九八〇年代には収量がかつての六〇パーセント以下となり、その後、伐採できるようなポンデローサマツはこの地域にはほとんど残っていなかった。大規模伐採と小規模な火事の抑制によって、何百万エーカーもの耐火性のあるポンデローサマツの森林は、乾燥にも火事にも弱いモミ類の藪に変わってしまったのである。それによる長期的な意味での経済的な損失は、はかりしれない。

この例は、生態学の理論を単純に管理にあてはめることが、いかに危険なものであるかを示す苦い経験でもある。

第三章

進化する生態系

マルハナバチとサクラソウ

生命の誕生

生態系は地球の歴史、地域の歴史によってかたちづくられた存在である。そうした歴史的存在としての生態系を理解するには、まず、その要素となっている生物の種の多様性をもたらした生命の歴史を知らなければならない。生命はどのようにして誕生し、現在あるような多様な姿へと発展したのだろうか。

現代科学による生物多様性の進化型起源説明は、よく知られているように、次に述べるようなものである。

地球上のすべての生物の祖先は、四〇億年近く前、無生物的に合成された有機物の濃いスープともいえる干潟《ひがた》の水たまりで生まれた、たった一つの原始的な細胞であると推測されている。もし、その推測が真実であれば、バクテリアよりもさらに原始的なある一つの細胞の子孫が、その途上で多数の絶滅種を産みながら、ヒトをふくむ現存の、数千種とも数億種とも推定される膨大な数の種に進化したことになる。

原始のスープの中で生まれた原始細胞の子孫たちが、途絶えることなく連綿とその系統を維持しつづけることができたのは、自己とよく似た子孫をつくる「複製能」をもっていたからである。そして、その自己複製能を担っているのが、遺伝子としての役割をもつ化学物質ＤＮＡであり、その複製能が完璧なものではなかったことが、多様性を生みだす契機となったのは、周知のことであろう。

DNA分子は複製によって同じ分子をつくることができるが、その過程で偶然の化学的誤りをたびたび起こす。そのことが、先祖とは性質の異なる子孫を生む可能性になったのだと考えられているのである。

生命の樹

よく似てはいるが少し異なる子孫が生まれ、時に子孫をつくることに失敗するものがあるとすると、そこから描きだされる系図は、枝わかれをしつつのびる樹に似たかたちをとるであろう。それを、生命の樹とよぶことにしよう。

血縁を記す系図である生命の樹を、根本の母なる原始細胞を出発点として現在の方向、すなわち枝ののびる方向にたどってみると、枝は幾度となく分岐し、分岐するたびに数を増していることが読みとれるだろう。枝の中には、途中で途切れているものも少なくないが、膨大な数の枝が現在という時点までのび、それらの多くがさらに未来へむかってのびようとしている。生命の樹は、きわめて複雑で枝わかれの多い樹木にも喩えることができる。

そのような生命の樹は、悠久の時の中でどのようにかたちづくられてきたのであろうか。その途切れのないつながりが、DNAという生命の分子がもつ化学的な自己複製能に負っていることは、すでに述べた。しかし、DNAの自己複製としばしば起こる複製の誤りというプロセスだけでは、さかんに分岐しつつ、過去から未来へとおうせいに枝をはりめぐらせてきた生命の樹を描きだすことはできない。共通の祖先から別れて時がたち、独自のかたちや生活をもつようになったさまざまな生き物たちが、生活空間を共有し、相互にさまざまにかかわりあうことが、生物と物理環境との相互作用や偶然とも輻輳《ふくそう》しつつ、分岐する生命の枝ののびる方向を決めているのだといえる。

ダーウィンにはじまる生態学が明らかにしたのは、そのプロセスを支配する重要な原理が、自然淘汰《とうた》による適応進化と生態的生殖的隔離という現象だということである。

オフィリスの花の戦略

では、自然淘汰による適応進化とは、どのような現象なのであろうか。

生態学では、「自然淘汰」を実測可能な現象と考え、それにかんするさまざまな理論的、経験的な研究を行っている。ところが、日本においては、一般に自然淘汰による進化にかんして誤解や曲解が横行し、自然淘汰が「客観的な事実」の範疇《はんちゅう》にはいるということがほとんど理解されていないようにみうけられる。そこで念のため、自然淘汰による適応進化とはどのような現象なのかを説明しておくことにする。

野生生物を、それが本来生活している場所でつぶさに観察していると、からだの形や働き、あるいは行動などが、その生物の生活している環境によくあったものとなっていることに感心させられることが多い。このように、生物が環境によくあった性質を示すことを適応という。その適応をもたらすうえで重要な役割をはたしているのが、自然淘汰による進化である。

環境のうちでも、特に生物環境に対する生物の適応には、驚かされるほど精巧なものが少なくない。例えば、ランの仲間のオフィリス類は、みた目にもハチやアブなどの昆虫によく似た花を咲かせるが、それは、雌に化けて雄をよびよせ、花粉の媒介を託すための適応である。オフィリスの花は、その形が雌の昆虫に似ているだけではない。雌がだす独特のフェロモンに似た匂いを発散させたうえ、さらに念のいったことには、ビロードのような細かい毛を密生させて、雄が雌を抱いたときの抱き心地までまねているのである。

オフィリスの花のそうした特性は、優れた設計者が、授粉を媒介する昆虫の形と行動やフェロモンの化学的特性などをあらかじめよく調べたうえで、できるだけ正確にそれを模倣したとしか思えないみごとさである。そのようなみごとな適応ゆえ、長いあいだ、生物は偉大な創造者の神の業《わざ》によってつくりだされたものとみなされてきたのである。しかし現在では、それはすべて、「適応進化」という試行錯誤にも似た過程によってつくりだされたものと理解されている。

まるでハチがとまっているかのようなオフィリスの花。

その適応進化の本質ともいえる

過程が自然淘汰なので、これから説明してみたい。

自然淘汰とは

まず、自然淘汰が起こるには、形質にかんする個体変異のあることが必須である。例えば、オフィリスのビロードのような毛についてみると、それが授粉の媒介をする昆虫の雌さながらの毛並みのものもあれば、まばらにしか毛がなく、昆虫にはそれほど似ていないものもあるというのが、形質の変異、すなわち個体差である。

さらに、適応度、すなわち次世代に残す子孫の数にも個体差がないと、自然淘汰は起こらない。まったく種子をつけずに終わる個体もあれば、種子をたくさんつける個体もあることが必要なのである。

もっとも肝心な点は、形質の変異と適応度の個体差のあいだになんらかの明瞭な関係があることである。例えば、ビロードのような毛が密生しているほど、種子をたくさん生産できるために子孫を多く残せる、などという関係のことである。そのような関係を定量的に把握することが、自然淘汰の実測である。

また、そのような関係をもたらす環境の作用を淘汰圧とよぶが、この例の場合は、授粉に役だつ昆虫がそれにあたる。ビロード状の毛の密集が繁殖上有利なのは、その昆虫の雄が花を雌とみあやまって抱きつく可能性が高いからである。もし、毛が密生してはえている昆虫ではなく、毛の疎《まばら》な昆虫が生息している環境であれば、毛の疎な花のほうが種子を多く生産できることになり、関係は逆転するだろう。つまり、環境におうじて生じる形質と適応度の関係が、自然淘汰の本質なのである。

もし、ここで問題としている形質の変異が遺伝的なものであり、その環境の作用が何世代にもわたって続いたとすると、集団全体の形質が変化していくはずである。それが、自然淘汰による進化のプロセスである。

そのような進化のもとになる変異は、ＤＮＡに生じるランダムな変化である突然変異によって生じる。突然変異自体は、方向性はもちろん、「目的」もないでたらめの過程である。生物のあらわす多様な形質の膨大な変異に自然淘汰が作用するので、その場の環境において個体の生存や繁殖に有利な変異だけが残されていく。自然淘汰は喩えて言えば、おびただしい数のがらくたの中から、ごくまれな掘り出し物を選びだす作用であるといえよう。生命がこの地球上に生じてから四〇億年近い年月をへて、地上にはこれほどまでに多様性にみちた生物の世界ができあがったが、それは、自然淘汰による適応進化が連綿として続いてきたからである。

自然淘汰によって特定の形質をもった個体が、より多くの子どもを次世代に残し、その形質を支配する遺伝子頻度の変化が何世代かにわたって続くと、頻度の低かった遺伝子が集団の中でしだいに優勢になり、かつてはめずらしかった形質がふつうの形質になる。それが適応進化の一つのかたちである。そうした自然淘汰による進化と併行して、その集団が親集団から隔離されて両者のあいだの自由な遺伝子の交流がたち切られると、さらに新たな種がつくられることになり、その時点で生命の樹はさらに枝わかれする。

ダーウィンの夢

二〇世紀には、生物学のあらゆる分野において研究手段が飛躍的に発達したことにより、ダーウィンが思索はしたけれども理解が十分におよばなかった現象、さらにはダーウィンが想像すらしなかったような現象にまで、自然淘汰による説明を適用することが可能になっている。

例えば、昆虫が急速に殺虫剤に対する抵抗性を進化させたり、細菌が抗生物質に対する耐性を獲得したりすることは、自然淘汰による適応進化としてみれば、なんら不思議なことではない。自然淘汰は世代ごとに遺伝子頻度を変化させるから、世代を重ねるにつれて変化の度あいが大きくなるのは当然である。したがって、世代時間の短い生物は、その短い時間の中で数多くの世代を重ね、進化的に大きく変化することができる。細菌や小さな昆虫など、寿命の短い生物の進化をみまもるには、数年あるいは数十年という時間があれば十分なのである。

世代時間の短い生物が長い生物よりも早く進化するということは、食べるものと食べられるもの、たかるものとたかられるもののあいだの「軍拡競走」とよばれている進化のいたちごっこにおいて、短命な生物のほうがずっと有利であることを意味している。ここでは深入りしないが、それに対抗する手段の一つが、子孫の遺伝的な変異を大きくする仕組みとしての有性生殖だと考えられている。

自然淘汰による進化にかんするアイデアでその後の生物学に大きく貢献したダーウィンは、生物間相互作用の生態学的進化学的機能についても明瞭なかたちで述べ、生態学の基礎をつくるうえで非常に大きく貢献した。

ダーウィンは、地質学についても生物学についても豊富な知識をもっていた。しかも、ビーグル号での旅を通じて南アメリカをはじめとする地域の多様な自然をみずからの目で観察した経験をもっている。だからダーウィンは、異なる生物のくみあわせからなる異なる土地の生態系について、具体的なイメージを豊富にもつことができたのである。すでに述べたように、生態系という言葉そのものはタンズレーを待たなければならないが、ダーウィンは、生物間相互作用の網の目で結ばれた「生態系」というものを、つねに意識しながら自然をみていたのであろう。また進化論も、そのような生態系の視点がなければ、決して生まれることはなかったともいえるだろう。

生命の網の目を意識する

ダーウィンは、『種の起源』で進化にかんする理論を展開したが、その中には、多様な生態学的視点がちりばめられている。それらは生態学のいくつもの分野の先駆けをなしており、生態学の多様な分野は、もとをたどればダーウィンからはじまったということができる。

ダーウィンは、『種の起源』の中で生物間相互作用の重要性についてくりかえし述べている。ある一種が侵入したために、群集全体が大きく変わってしまった例についても詳しく記述している。

例えばダーウィンが紹介しているのは、彼の親戚が所有しているヒース草原の例である。その親戚が何エーカーかにわたってマツ科の常緑高木であるトウヒを植林したところ、まず、貧栄養だったヒース草原の植生が大きく変わってしまい、ついで昆虫相が変わり、そこに棲む鳥の種類までが増えたというのである。

今では、そうした種を「キーストーン種」とよび、保全とのかかわりで注目している。その種の侵入や喪失が生物群集の性質を大きく変えてしまうような、「要」ともいえる種のことである。ダーウィンは、「キーストーン種」という言葉こそつかわなかったものの、そのような種が存在することを明確に意識していたようなのである。

またダーウィンは、「生存闘争」と日本語に訳されているストラグル・フォー・イグジスタンスに重要と思われる生物間相互作用の例を、『種の起源』の中で列挙している。そして、食べる食べられるの関係、花と昆虫の関係のような共生関係など、競争にかぎらず、さまざまな生物間相互作用が種の存続にもつ意味を吟味している。それは、エネルギーと物質が流れ、循環する場として冷たい物理化学の目だけで生態系をとらえるのではなく、生態系の中に網の目のようにはりめぐらされた生物間相互作用にダーウィンのように自然愛好者としての好奇の目をむけることが、生態系という複雑なシステムを理解するうえでは、どうしても欠かせないからである。

種の織りなす生命の網の目を意識することは、よりよい「ヒトと自然の関係」を築くうえでも基本となる。生命の網の目を意識することがなければ、自然は、個々の生き物が単独に存在し、個別の価値をもつだけのたんなる要素の集合ということにしかならない。だとすれば、個別に価値の高いものだけを選んで維持すればよく、また、人間の都合と必要におうじて利用できるものをそこから選びだして役だて、他のものはどうでもよいということになってしまう。しかし、生命の網の目を意識し、その中にヒトという種もくみこまれていることを意識するのならば、いかにしてその全体を損なうことなく保全していくかを問題としなければならない。

時間的な関係性の総体としての生命の樹は、生物間相互作用がつくる、空間にひろがる複雑な網の目のようなシステムによって導かれつつ、その独特のかたちを描いていく。分岐する生命の樹と、網の目によってつながりあいながら枝ののびる方向を導く生き物のシステムの両方をはじめて明瞭に認識し、それを鮮明に、緻密に、詳細に提示した「生命の思想家」は、ダーウィンである。『種の起源』は、それをみごとに、しかも説得力のあるかたちで描きだした書なのである。

進化する生物環境

次世代に多くの子孫を残すためには、物理的な環境への適応だけでなく、食害者を避けるなどの望ましくない生物間相互作用を回避・防御する適応、あるいは授粉昆虫をひきよせるなどの望ましい生物間相互作用をもたらすための適応などが、きわめて大きな意味をもっている。その結果によって、同じ物理的環境に生きる生物のあいだにもいちじるしい多様性がもたらされることになる。例えば、砂漠の植物はいずれも、水不足や高温、強すぎる光などの物理的な条件に適応している。分類群が異なっていても、同じ砂漠に生きる植物に形態や生理における共通性がめだつのは、乾燥、高温、強光などの共通の物理的な環境への適応には、とりうる手段において大きな制約があるからである。

しかし、それらの植物のあいだでも、トゲや毛、毒作用をもたらす二次代謝産物などには、きわめて大きな多様性がみられる。それは、植物を餌にする植食動物に対する適応、すなわち、さまざまな防御機構の適応進化がもたらした多様性である。砂漠のような不毛な立地では、せっかく光合成によって生産したものを失うことは、植物にとってきわめて大きな損失となる。そのため、植物を食べようと狙う動物に対する、多様な防御機構の適応進化が華々しく起こるのである。

物理的環境よりも生物環境のほうが、多様性を生む淘汰圧としての効果が大きいのは、「生物環境自体が進化する」ことに由来する。というのも、生物間相互作用が淘汰圧となる適応進化では、その淘汰圧じたいがダイナミックに変化するため、つねに新たな適応進化の余地が生まれるからである。つまり、動物に対して毒をもって対抗しようとすると、動物はその解毒作用を進化させて対抗する。すると、植物の側でも、さらに別の毒を生産するように進化し、さらにまた…というように、進化がはてしなく続くことになってしまう。このような拮抗《きっこう》的な生物間相互作用で結ばれた種のあいだには、かかわりあう種のどちらかの絶滅が起こらないかぎり、いたちごっこ、あるいは軍拡競争ともいえる無限の相互的適応進化がくりひろげられることになる。

松脂がわけた進化の命運

エネルギーや物質の流れは、生態系のもっとも重要な物理的プロセスであり、生態学は、その量的な把握に重点をおいてきた。

しかし、物質やエネルギーの流れの道筋をつくるのは、「食べる―食べられる」という関係や、寄生をめぐる関係のネットワーク、すなわち食物網そのものである。食物網は、生き物同士がたがいに淘汰圧をおよぼしながら適応する進化によってつくられ、維持され、また時間とともに変化する。それは、食べられないための適応と食べるための適応の、進化的なかけひきの妥協のうえになりたっているものともいえる。食べるほうあるいは食べられるほうのどちらかの適応が完璧であったならば、他方は食べつくされるか飢えるかして、絶滅してしまうしかないからである。

食べるための適応とは、いち早く餌をみつけ、それを捕まえ、消化管の中にとりこみ、できるだけ多くの栄養を得られるように消化することである。それに対して食べられないための適応は、少し前に述べた防御機構につきる。そしてその顕著な例が、これから紹介する、松脂《まつやに》である。

樹木の種類は非常に多くとも、森林生態系の骨格をつくる高木のうち、優占種となる樹木は種がかぎられている。その中でも針葉樹は、ブナ科のブナ属やコナラ属の樹木とともにもっとも成功している種であるといえよう。とくに、寒冷、乾燥、過湿など、植物の生育にとって厳しいストレスがもたらされるような環境に優占するのは、きまって、モミ属、マツ属、ヒノキ属などの針葉樹である。

針葉樹は現在、世界中に五六〇種ほどが知られており、多様化という意味でも、植物進化のうえでの成功者といえるグループである。それに対して、世界各地で化石が多く出土することから、かつて地球上にかなり広く分布していたと推測されるイチョウの仲間は、今では分布域がいちじるしく限定され、現存種はイチョウ一種だけである。

繁栄を続けた針葉樹と衰退の一途をたどったイチョウ類。ここ数百万年間の植物界での交代劇の主役たちの命運をわけたのは、針葉樹が進化させた松脂だったのではないかと推測されている。針葉樹は、松脂という非常に効果的な防御物質を進化させることによって、食害を効果的に回避することができるようになったのである。

虫に食べられてしまうのを防ぐことができれば、厳しい環境で成長が抑制されたとしても、光合成で稼いだものを少しずつ蓄積しながら、時間をかけてゆっくりと成長していくことができる。それに対して松脂を発明するという適応進化をなしえなかったイチョウは、食害に苦しんだ結果、樹木進化の主役の座を降りなければならなかった。そして、大気汚染に強いことにあらわれているような別の面でのストレス耐性を獲得したイチョウ一種だけを残して絶滅してしまった。

はてしない適応進化の一断面として、現在にその姿を伝えている生物は、その一種一種が、地球および地域の地史と生命史の産物として、かけがえのない歴史的存在であるといえる。

共生関係にはたかりや詐欺がつきもの

ダーウィンは、進化的適応の概念をつかって、植物と動物のあいだの拮抗的な相互作用だけでなく、共生的な相互関係の意義をも明らかにしている。花の機能がどういうものかについては、一三〇年前にはまだ研究者も十分に理解していなかった。そのような中でダーウィンは、正しくも、花はその花粉を運ぶ昆虫に対して蜜の報酬を広告する機能を担っていることを推論したのである。

またそのころには、なぜ植物が、しばしば鳥の餌として役だつ果実をみのらせるのかも理解されていなかった。これまたダーウィンは、鳥によって分散された種子は、そうでない種子よりも生き残る確率が高く、実生を生じる可能性が高いことを正しくみぬいていた。自然淘汰による適応という原理により、植物と動物のあらゆる生態的関係についての探求が容易になるのである。

植物が餌を提供し、動物が花粉や種子の運搬を担うという関係は、いずれもが利益を得ることのできる共生的な関係である。そこには、「食べる―食べられる」などの拮抗的関係がもたらす軍拡競走（防御機構の進化とそれをうち破る機構の進化のいたちごっこ）のような、多様化への必然性が認められない。

しかし、その一方で、共生関係には、たかりや詐欺《さぎ》がつきものである。植物の授粉には役だつことなく、蜜や花粉だけを盗む昆虫は多いし、餌の豊富な花を装って、昆虫に報酬をあたえずに授粉のサービスだけを享受する植物もある。共生システムの中にそのようなたかりや詐欺が割りこんでくれば、それを排除するための適応進化が起こり、共生関係といえども、決して進化的に安定した状態にとどまるものではなくなる。
生態系は、その要素となっている生物が生物間相互作用を淘汰圧として適応進化を続け、それによって生態系自体が「適応進化する」という意味では、決して静的で平衡したシステムではなく、非常にダイナミックな存在なのである。

「創造」をめぐる論争

前項まで述べてきたように、現代科学の見方では、太古の地球で無生物から生命が生まれ、長い進化の歴史をへて多様化し、それにともなって生態系も、より多様な要素をふくむ複雑なものへと進化してきたとする。しかし、ダーウィンが進化にかんする学説を発表した当時、それは異端ともいえる考え方であった。キリスト教思想が支配する西欧文化圏では、生命は神が創造したものであったからである。そのため、ダーウィンの進化論がうけいれられるには、熾烈《しれつ》な科学論争を通過しなければならなかった。そして、現代においても、また新たな「創造」をめぐる論争がもちあがっている。

生命の進化の歴史の途上、今から数百万年前に生まれたヒトの行う自然への働きかけは、しだいに生態系に大きな影響をおよぼすようになった。狩猟・採集という、他の動物との共存を前提とした生活様式をとっていた時代にすら、火をつかって植生を焼きはらうなどという、同じぐらいの体重の哺乳動物にくらべてはるかに大きな影響を自然におよぼしていたらしい。

やがてヒトは、言語、宗教、科学技術などの独自の社会的、文化的、創造的技量を大きく発達させ、農業や工業などの独自の営みを発展させるようになった。その結果、ヒトの数はめざましく増加し、同時に、一人あたりが使用するエネルギーや資源量もいちじるしく増大している。その結果、地球の生態系が許容しうる限界を超えてしまいそうになっていることについては、すでに序章でとりあげた。

資源や土地の利用が生態系に大きな負荷をあたえかねない現状から、環境の限界が強く意識されるようになったのは、二〇世紀も三分の二をすぎてからのことでしかない。地域の生態系にさまざまな負荷や破壊がもたらされたことが誰の目にも明らかになったとき、新たな「創造」をめぐる論争がもちあがったのである。それは、人工海浜、人工干潟、人工浮島などをつくることで、開発によって消えた砂浜や干潟の代償にしようとする、「自然の創造」をめぐる論争である。

「自然の創造」という魔法の杖

近年、新たな開発の場面で、「自然の創造」あるいは「自然の創出」という言葉が頻繁につかわれるようになった。別の場所に人工的に同等の生態系をつくることができれば、現存の生態系の保全という制約にしばられることなく、自由に開発計画をたてることができるからである。開発志向の人々にとって、「自然の創造」は、まことに都合のよい魔法の杖なのである。

自然をよく知らない人、保全のための環境配慮などという面倒なことをぬきにして、「のびのびと」開発を行いたいと考える人は、いとも軽々しく「自然の創造」という言葉を口にする。一方で、自然をよく理解している人、すなわち、野生生物の営みなどを研究する自然史の研究者やナチュラリストは、それを苦々しい思いで聞いている。彼らにとって、自然の創造や創出などという言葉は、自然に対する畏敬の念を逆なでする忌まわしい言葉でさえある。

悠久の時を超えて進化しつづけ、探求すればするほどに不思議さをます生き物たち。おびただしい数のそれらの生き物が集まり、そのいりくんだ関係性によってかたちづくられる生態系。しかも、歴史的な存在としてのかけがえのなさをもつ生態系である。それをいとも簡単に「創造する」などとは、「口が裂けても」言えない、というのが自然をよく知る人々の思いである。

たとえ百歩譲って歴史性を問わないことにしたとしても、「創造」という神のごとき行為が可能なほどに、人間は生態系を知りつくしているわけではない。もちろん現代には、生態学を中心とした科学的な知識の蓄積や理解の深まりがある。しかし社会全体としては、生態系に対する具体的なイメージも知識もきわめて貧弱なものでしかないと言わざるをえない。現代の人間よりも、石器時代の人々のほうが、はるかに豊富に自然にかんする実践的な知識をもっていたとさえ言えるのではないだろうか。

干潟の生態系にかんして私たちがすでに把握していることは、そのわずかな要素と機能にすぎない。そのような状態で、今あるものを壊したとしても、容易に同等以上のものをつくることができると考えるのは、あまりに楽観的である。「自然の創造」という言葉に潜む西欧近代的な「テクノロジー万能」の慢心こそ、地球や地域の環境を短期間のうちに、これほどまでに損なうことになった元凶だといえるのではないだろうか。

歴史に試されたシステムから学ぶ

多様な生物の連携プレーによって、ヒトの生活と生産活動になくてはならないさまざまな機能が担われる生態系は、これまで述べてきたように、長い年月をかけ、その要素としての生物がたがいに淘汰圧をおよぼしあいながら、自然淘汰による進化によって組織され、進化してきたものである。自然淘汰による進化というプロセスや、外部から移入してきた種のうち、そこに馴染《なじ》めなかったものが絶滅するというプロセスを通じて、現在の生態系は、膨大な数の潜在的なシステムの中から選びぬかれ、試されたものであるといえる。

だからこそ、ヒトの「思いつき」はもちろんのこと、熟慮のうえで考案されたシステムでさえ、その機能や安定性において現実の生態系の足下にもおよばないと考えるべきなのである。しかも、今日の科学によって把握できることや予測できることは、そのシステムのごく一部の構造や機能だけであり、未知の部分や予測不能な部分が、むしろ大部分を占めるといってもよいのである。

したがって、生態系の利用・保全・復元にさいしては、科学技術によって「自然を克服」あるいは「創造」するというような「思いあがった」姿勢ではなく、「自然から学ぶ」あるいは「自然に倣う」ことを基本にすえなければならない。また、開発された技術の応用においても、不確実性をふまえた「順応的な」姿勢でのぞまなければならない。

順応的な姿勢とは、「設計や計画は、応用や実施の段階においてかならずしも完全なものとはいえないから、試行を重ね、また環境の変化にも対応させつつ少しずつよいものに変えていこう」という姿勢である（第六章）。それは、この章で述べたような、「適応進化」を模倣した手法であり、生物が環境によくあった形質を進化させることで、生態系がより高度に組織されていくプロセスである。

現在の科学技術がいかに高度なものであろうとも、自然の複雑さは人智《じんち》をはるかに超えている。ヒトはみずからを全知全能の神に模するのではなく、「しばしば間違うことのある」ヒトとしてふるまわなければならない。そして生態系に科学技術を適用するにさいしては、ギリシャの哲学者が諭《さと》した「無知の知」を前提にすることがもとめられる。数十年前、あるいは数年前にたてられた事業計画であっても、それが現在の自然環境と社会環境に十分に合致しないものになっているのであれば、現状にあうようにみなおしをしたり、時にはその廃止を考えるのが、当然のことなのである。

第四章

撹乱と再生の場としての生態系

生態系に干渉するニホンジカ

（上）は噴煙をあげるセント・ヘレンズ山。（下）は、100キロ近いスピードで山を駆け下る火砕流（http://volcano.und.nodak.edu より）。

自然の撹乱と人為的干渉のちがい

一九八〇年五月一八日、アメリカ合衆国ワシントン州のセント・ヘレンズ山が噴火した。その噴火はまず、二・八平方キロにもおよぶ大規模な地滑りからはじまった。ひきつづき起こった大噴火では、火砕流や泥流が山腹の斜面を駆け下って谷を埋め、付近一帯の五万ヘクタールが噴出物でおおわれるなどの被害が生じた。

噴火がおさまってしばらくしてから、大がかりな生態学的調査が行われた。すると、予想に反して、相当大きな影響をうけたと思われていた地域でさえ、多くの動植物が生き残っていることがわかった。しかも、生き残った動植物は、いわゆる遷移の初期相を特徴づける種類ばかりとはかぎらなかった。遷移の途中期や極相《きょくそう》を特徴づける動植物も多く生き残っており、大噴火後の生態系の回復の最初の段階は、それら生き残った生物たちが担ったのである。それらの生物がかかわりあう多様な生態系の機能は、回復の初期にも発揮された。そして生物の再定着は、噴火の影響をうけた地域のまわりからではなく、影響地域の中に散在する点、すなわち生き残った動植物が存在する部分からはじまったのである。

噴火にともなう火砕流や泥流、野火《のび》、地震による地滑《じすべ》り、あるいは大雨による洪水などを、自然の撹乱とよんでいるが、これはいずれも、既存の植生を破壊し、動植物を選択的に生き残らせることで、生態系を再編あるいはリセットする役割をもっている。撹乱は、非平衡、不安定性、不確実性などの特徴を生態系にもたらす一方で、生態系の健全性が維持されるうえでなくてはならないプロセスである。

人間活動によっても同じように、植生全体あるいはその一部が破壊されることがある。しかし、生態系の自然のプロセスとしての撹乱と、人間活動がもたらす干渉とのあいだには、生態系の健全性という点からみて、共通する面があることもあるが、両者にはきわめて大きなちがいがあると言えよう。例えば、森林における皆伐や一斉植林がもたらす効果は、風倒、野火、地滑り、火山噴火などの撹乱とは非常に大きく異なる影響を森林生態系にあたえる。

その違いや共通性は、いずれも適応進化というキーワードで理解することができるものである。なぜなら、自然の撹乱とは、その地域の生態系がくりかえし何度も経験してきたものであるから、その生態系にふくまれる動植物や微生物の多くがそれに適応しているものである。したがって、システムとしての生態系も、そうした撹乱にはよく「馴染んでいる」と言えるであろう。それに対して人間活動は、時に、それまで生態系が経験したことのないような種類や規模の変化をもたらすことがある。

火山の噴火は、一般には予測の難しい災害としてうけとられている。しかし、予測の可能性は、その現象をみる時間や空間の尺度によって変わるものである。森林の中の狭い一画について、それほど長くはない時間で風害や山火事の発生をみれば、まさにそれは予測不能な現象と言わなければならない。しかし、森林や流域全体の相当広い範囲において長期的にながめてみると、それらの事象はある頻度で確実に起こる予測可能なものとなる。局所的、短期的にはカオスとしてあらわれる事象を、広域的、長期的にみれば、そこにはダイナミックな安定性を認めることができるのである。山火事、台風、地滑り、洪水などの自然の撹乱は、生態系の安定性をこわす破壊作用のようにみえるが、そこここでくりかえし起こることによって、システムの中に異質性をたもつ役割をはたしているのである。

逆に長期にわたって撹乱がまったく起こらないと、生態系が主に極相に優占する種だけで構成されるようになって単純化してしまう。すると、システムからは撹乱に抵抗性のある要素がのぞかれてしまい、そこに大規模な撹乱が起これば、システム全体が壊滅的な打撃をうけて回復がむずかしくなってしまう。どうやら、ある頻度で適度な撹乱が起こることは、生態系が健全に存続していくための条件のようなのだ。

生物学的遺産を考慮する

多くの場合、その生態系が「馴れ親しんだ」自然の撹乱は、その生態系が長期にわたって安定的に維持されるためになくてはならないものである。しかし、人為的な干渉は、時として、生態系をまったく別のものへと変質させる。そのちがいは、ある程度までは、撹乱後にその場に残されるものの違いによっても説明することができる。

皆伐と一斉植林を例に、人為的な干渉では失われるが、自然の撹乱においては残されるものを考えてみよう。

皆伐と一斉植林が行われた場合には、生態系を構成していた生物の大部分がその場からもちださされ、非常に均質な環境しか残されない。ところが自然撹乱の後には、樹木や草本植物の地下器官、種子などの繁殖子、微生物や動物などが生きたまま残される。また、倒木、立ち枯れ木（英語では、立ったまま枯死している樹木をスナッグとよぶ）、その他の動植物の遺体なども残され、それらは、生息場所の構造や微気象の形成、栄養供給などの面で、新たに発達する生物群集を支えるものとなる。

それは、更新前の生態系の残した生物学的遺産（バイオロジカル・レガシー）とでもいうべきものである。そのような生物学的遺産は、撹乱後にも環境の不均一性をたもち、再編成される生態系の発達に大きな影響をおよぼすのである。

森林生態系の健全性を持続させるためには、人為的干渉をできるだけ自然の撹乱に近いものにすることが必要であるが、どのような人為的干渉であればよいのかを考える手がかりの一つは、残される生物学的遺産について考慮することである。

一方で、人が自然の撹乱を妨害することは、生態系の持続性を大きく損なってしまう。第二章でも紹介したように、合衆国西部のポンデローサマツの森林では、それほど規模の大きくない山火事がくりかえし起こることが安定化や持続性にとって必須であった。ところが、小さな山火事が起こるたびにヒトが消火してしまうと、林の中には燃えやすい松葉や枯れ枝などがどんどん蓄積されていってしまう。そして、それは生態系にとっていわば「燃料」にしかならないものであり、「燃料」が大量に貯まったところで山火事が起これば、その生態系がそれまでに経験したことのない破壊的なダメージがもたらされることになってしまうのである。

人為的な干渉と生態系の三つのあり方

撹乱は、その種類や大きさ、頻度などによって、生態系にもたらす影響が大きく異なる。一般に、その生態系がそれまでにくりかえし経験してきた種類、大きさ、頻度の範囲内であれば、生態系が慣れ親しんできた撹乱は、長期的にはその安定的持続に寄与する。そのような撹乱に耐えたり、むしろ、それを繁殖の契機とするような生物が、生態系にはたくさんふくまれているからである。

人為的な干渉は、その生態系が自然に経験してきた撹乱との関係によって、その効果を予測できる。そのような視点からは、ヒトの干渉のあり方を、大きく三つにわけることができるであろう。

(1)まず、撹乱をひき起こすような干渉を、ほとんどくわえないというあり方がある。それは、ヒトのもたらす干渉が、同じぐらいの体の大きさの哺乳動物がもたらす干渉以上のものをもたらさない場合であるといえるだろう。その場合、その生態系を特徴づける撹乱は、自然の撹乱だけということになる。そのような生態系は、原生的な生態系とよぶにふさわしいものであるだろう。ヒトが狩猟採集生活をほそぼそと営んでいた時代のヒトによる自然への干渉は、その程度のものであったはずである。

(2)次に、ヒトの干渉が、その生態系が慣れ親しんできた撹乱と、その様式、大きさ、頻度のうえでそれほど大きくは違わない場合である。例えば、適度な野焼きや刈り払いなどは、野火、風倒、洪水による植生破壊などと同じような効果をもたらすものである。これらの自然撹乱に「馴れ親しんだ」生態系においては、多くの動植物がそうした人為的な干渉にあらかじめ適応（前適応）しているともいえる。干渉の規模や頻度におうじて、前適応した動植物の生態系の中での比重が変化するものの、動植物の種の多様性は維持される。

狩猟採集経済を営んでいた時代、ヒトは火をつかって植生を破壊し、狩りをしやすくするなどの植生管理をしていたことが明らかにされている。農耕生活以前にそのような植生管理をはじめた時点で、ヒトの干渉は(1)から(2)のカテゴリーへと移ったものと思われる。そして、定住生活にはいって人口が増加するにつれて、ヒトの干渉による撹乱の規模や頻度が増していったのであるが、日本の里山などにおける伝統的な土地利用や資源利用の範囲においては、ヒトの干渉は、概して(2)のカテゴリーにおさまるようなものであったのではないかと考えられる。

(3)以上の二つに対して、人為的な干渉が自然の撹乱とはまったく異なるタイプであったり、あまりに大規模なものが頻繁にくわえられる場合には、従来そこで生活していた動植物の多くが、それに耐えて生き残ることができなくなる。その場合には、外部からはいってきたごくわずかな種類の侵入種などが優占し、以前とはまったく異なる単純な生態系が残されることになる。西欧伝来の科学技術にもとづく近代的農業や林業などによる干渉は、このカテゴリーにはいるものである。

工業化した地域では、さらに干渉の度あいが強くなり、乾燥地や荒れ地を生活の場とする外来の生物や、ごく特殊な動植物だけが生きることのできる人工環境が卓越するようになる。

(1)は奥山、(2)は里山や、伝統的な土地利用や管理が行われている田園や水辺、(3)は近代的な植林地や耕作地、町や都市である。(1)と(2)のカテゴリーの生態系をなるべく広い範囲で確保し、(3)にあたる場所を土地の高度利用によってなるべく限定した面積におさえることができれば、生物多様性やその地域全体の生態系の健全性をたもてるのではないかと考えられる。

ヒトと共存しやすい日本列島の自然

生態系が多少の人為的な干渉に耐えて、生物多様性や健全性を維持できるかどうかは、その自然が、どのようなタイプの自然の撹乱にどの程度さらされてきたかに依存している。自然の撹乱が豊富であれば、撹乱に耐えたり、むしろその更新に撹乱を必要とするような「撹乱に馴れた」動植物が、生態系の中に多くふくまれるようになる。そのような生態系は、適度な撹乱をひき起こすような人為的な干渉のもとでも、健全性をたもつことが容易である。

日本列島は、モンスーン気候帯において島弧造山帯《とうこぞうざんたい》をなしているため、火山活動、地震、台風などを数多く経験してきている。しかも、急峻《きゅうしゅん》な地形ゆえに水や土砂の動きが大きく、きわめて活発な自然の撹乱にさらされる。したがって、植物相の中には、そのような撹乱に依存して世代更新をしたり、植物体が破壊されても残された部分から再生する能力をもった植物が少なくない。しかも植物の成長という点からみて、列島全体が温度や水分などの条件にめぐまれているので、植物のおうせいな成長を期待できる。このように、撹乱に慣れた植物が多く存在し、しかも植物の成長が早いという条件がみたされていると、植生破壊からの速やかな回復が期待できるのである。幹の再生能力が高いため、定期的に伐採されてもくりかえし再生するコナラやクヌギなどの雑木林の樹木物の代表である。

や、毎年、刈りとられても草原を維持するススキ、オギ、ヨシなどのイネ科植物は、そのような植物の代表である。

これは、植物資源の採取にもとづくヒトの営みを容易にする条件でもあった。伝統的な農業生態系では、ヒトは肥料や燃料、建材などを雑木林や草原から定期的に調達していた。そのような森林や草原は、主として撹乱によく馴染んだ植物から構成されているため、その採取が適切な季節に行われ、しかも採取量が適量であるならば、次の年の同じころまでに、あるいは次に同じ資源を利用するときまでに、植生は同じ状態に回復していることが期待されるのである。

里山の生態系を、生物多様性の豊かな、健全な生態系として持続させやすかったのは、日本列島が自然の条件にめぐまれていたからであるともいえる。

シカとヒト

フランス南西部、ドルドーニュ地方にあるラスコー洞窟《どうくつ》は、保存状態のよい旧石器時代の壁画や天井画が非常に有名だが、そこに描かれている形象のうち、馬や牛についで多く描かれているのが、シカである。シカは、狩猟採集生活をしていた人々にとってもっとも重要な獲物だったらしい。第一章でも述べたように北アメリカでは、狩猟採集時代に、狩りをしやすく、またキイチゴ類などを豊富にするために火による植生管理をはじめたことで、シカの増加がもたらされたと考えられている。肉も角も皮も無駄なく利用できるシカは、先史時代から歴史時代にわたって、つねにヒトによる狩猟の主要な対象であったようである。

日本列島にもニホンジカが古くから生息し、旧石器時代以来、先住民とも日本人ともかかわりの大きい動物となっていた。縄文時代の遺跡からもシカの骨や角が多く出土し、シカが食用にされていたことがわかる。骨や角の中には加工されたものもみつかっており、道具として利用されていたことも推測されている。一方で、シカの毛皮やなめした皮は、山仕事や狩りの衣服の素材として、近代にいたるまで重宝されてきたものである。

しかし、人々が農耕生活をはじめると、とたんにシカは農作物を荒らす害獣となった。駆除をかねた狩猟がさかんになり、中世には、駆除のための大規模な巻狩《まきが》りが行われている。巻狩りでは狩場を土手や柵でとり囲み、多くの勢子《せこ》を動員してそこにシカを追いこんで射手が射とめる。時には、一度に数百頭ものシカが狩られることもあったという。狩場をしつらえ勢子をつとめる農民たちにとって、それはきわめて大きな負担であったが、武士たちにとっては大きな楽しみだったようである。征夷《せいい》大将軍源頼朝《みなもとよりとも》が、一一九三年（建久四）に富士の裾野で催した大規模な巻狩りは有名である。徳川将軍も、不定期に小金ヶ原でシカ狩りを行ったと伝えられている。

一方で、シカを神の使いとする信仰もあり、奈良の春日《かすが》大社、厳島《いつくしま》神社、金華山《きんかざん》神社などでは、野生のシカが養われてきたりもしたが、歴史時代を通じてシカへの狩猟圧は、概してかなり大きいものであったと推測される。しかし、シカは繁殖力の強い動物であり、伝統的な狩猟によってシカが絶滅するようなことはなかったようである。

日本列島で、このように緊張関係をたもちながらもヒトと共存してきたニホンジカが、森林生態系を裸地に近い状態にまで大きく衰退させてしまう事態が最近になってめだつようになった。私たちにそのことを最初に明瞭に認識させたのは、三重県と奈良県の県境に位置する大台ヶ原のトウヒ林の、ここ三〇年ほどの変貌である。

大台ヶ原の変質

大台ヶ原の南東斜面は、年間降水量が三五〇〇〜五〇〇〇ミリの多雨地域で、モミ、ツガ、トウヒなどの原生林におおわれている。そうした針葉樹林の林床《りんしょう》は、かつては苔《こけ》でおおわれていたため、トウヒ林の苔むしたうっそうとした森林景観は他に例のないめずらしく貴重なものとされ、大台ヶ原一帯は吉野熊野国立公園の特別保護地域に指定されている。

しかし一九七〇年代になると、そのトウヒ林が目にみえて衰退し、白骨のような枯れ木がめだちはじめた。一九八〇年代後半に、被害状況やその原因を探る調査が行われると、東大台地区では調査対象とした約五〇〇〇本のトウヒのうち、枯死木が半数以上を占めることが明らかにされた。

トウヒ林の衰退のきっかけは、一九五九年（昭和三四）の伊勢湾台風によって、かなりの数のトウヒの木が倒れたことにあるとされている。風倒木によって樹冠が空《す》いた林には、林床まで日光がさしこむようになる。そうして明るくなった林床には、ミヤコザサが優占するようになるため、ミヤコザサを好むシカをよびこむ条件が整い、森林にシカがはいってくると、トウヒ林の衰退が加速されるようになる。シカが樹皮を餌にするために、樹木が枯れてしまうのである。このようなストーリーは、トウヒの年輪の解析によって、シカの食痕《しょっこん》が一九七〇年ごろからめだつようになることから推論されたものである。

枯れ木におおわれている大台ケ原の正木嶺（撮影：横井康夫）。

一九八〇年代から調査と小規模な実験的対策が続けられてきたが、トウヒ林の衰退に歯どめはかからず、いよいよ危機的な状況に陥ってきた。そこで、二一世紀を目前にひかえたころ、環境庁（当時）は相当大がかりな防鹿対策をたてることになった。すなわち、八〇〇ヘクタールの公園内の植生全体を二・二メートルの高さの防鹿柵を設けることによって保護するという計画である。一方で、密度の高いシカ個体群にかんしては、個体群管理をも施していくという方針がとられている。

シカはなぜ生態系をおびやかすのか

ニホンジカが好んで餌とするのは、ススキ、シバ、ササなどのイネ科草本やさまざまな広葉の草本である。木本植物も、稚樹や若木などでシカの口がとどく範囲では採食される。近年、ニホンジカの増加が全国的にいちじるしく、大台ヶ原だけでなく、各地の森林生態系や湿原の植生に大きな影響をおよぼすようになってきた。

一九九〇年代後半には、今までシカの植生への影響が知られていなかった尾瀬にもシカがみられるようになり、植生への被害があらわれはじめた。湿原の植物では、ミズドクサ、リュウキンカ、エゾリンドウ、ミツガシワ、クガイソウ、ノハナショウブ、カキツバタ、ヒオウギアヤメ、ミズバショウなどが食害されているという。

シカは条件にめぐまれたときの繁殖率がきわめて高く、有毒植物や有棘《ゆうきょく》植物などの一部の植物をのぞく広範な植物を食べる。そのためシカが増えると、森林の下層植生は大きく変化する。それは誰の目にもとまる変化であるが、それと同時に、シカの影響をうける植物を、餌や営巣のために利用する動物への隠れた影響もみのがすことはできない。

昆虫は、餌とする植物にかんして「スペシャリスト」である。つまり、特定の植物だけを専門的に餌にするものが少なくないということである。例えば、蝶《ちょう》はそれぞれ食草あるいは食樹が決まっていて、幼虫のイモ虫は、それ以外のものを餌としてうけつけない。

それに対して、シカのように多様な植物を利用する動物は、餌にかんする「ジェネラリスト」である。しかも、昆虫などにくらべれば体が大きく、食べる量がきわめて多い。もともと量の少ない植物などは、簡単に食べつくされてしまう。大食漢のジェネラリストは、多くの小食のスペシャリストたちの餌を奪ってしまう。ある種類の植物が減少したり消失したりすることになれば、その植物に餌をたよって生きていたスペシャリストは飢え、そこでは生きていくことができなくなる。食物連鎖が、そのもとでたち切られてしまうのである。その被害は、すべての高次の消費者や分解者におよぶため、影響は生態系全体にひろがってしまうのである。

シカをどこまで許容できるのか

餌のジェネラリスト、シカ（撮影：横井康夫）。

奥日光でも、シカの食害によって大きく変化させられた生態系を目にすることができる。シカの生息密度の高い地域の森林の下層植生で残っているのは、シカが食べない、イケマ、シロヨモギ、クリンソウなどのごく特殊なものだけである。この結果、イケマを食草とするアサギマダラが異常に増えて森林の中で乱舞しているが、同時に、食草を失った多くの種類の昆虫が生息できなくなっているはずである。当然、昆虫を食べる鳥類の生活にも影響がおよんでいるものと考えられる。影響は、食物連鎖を通じたものだけとはかぎらない。林床からササが消えれば、ササ藪に生息するウグイスなどの鳥類は住処《すみか》がなくなってしまう。ウグイスがいなくなれば、もちろんウグイスに托卵《たくらん》するホトトギスも姿を消すであろう。これらは容易に想像できることだが、影響の連鎖はもっと思いもかけないところにおよんでいる可能性がある。

シカによる生態系の単純化は短期間のうちに起こるが、増えすぎたシカが餌不足で急激に減少したとしても、多様な種をふくむ生態系が回復するまでには長い時間がかかる。現在のように天然林などの自然植生が面積を減らし、また孤立化している状況では、その場から絶滅してしまうと他の地域からの再移入を期待することができない種も少なくないはずである。広大な原生的自然がどこまでもひろがっていた時代には、シカが生態系におよぼす影響は、時がたてば回復するような可逆的なものにおさまったかもしれない。しかし、現在のように森林がこま切れになってしまっては、シカによってもたらされた大きな変化は、不可逆的なものとならざるをえない。

豊かな種間関係を壊さないという条件のもとで、それぞれの生態系がどの程度のシカを許容できるのかを、それぞれの地域においてみきわめることが緊急に望まれている。また、許容度を大きく超える場合には、なんらかの適切な管理を施すことが必要となっている。ササが林床をおおう森林と生産性の低い湿原とでは、許容できるシカの影響度は大きく異なるはずである。採食だけでなく、ふみ荒らしや穴掘りなどもふくめると、シカが湿原にあたえる影響は概して不可逆的なものであると考えなければならない。

このようなシカの大繁殖をもたらした原因として、暖冬つづきで冬の死亡率が低下したことなどがあげられているが、生態系全体がさまざまに変化したことによる複合的な影響であるとみなければならない。

どうやらその要因の中には、四〇年ほど前から治山工事、ダム工事、道路工事などにおいて外来牧草による緑化がさかんになったこともふくまれているようだ。緑化によってひろがった広大な牧草地が、冬にも質の高い餌を提供するようになったことによって栄養状態が向上したことが、大繁殖に大きく寄与していると推測される。ちなみに問題となっている北関東のシカの越冬地は、大規模な緑化事業がすすめられている足尾銅山一帯ではないかと推定されている。

本来、自然の撹乱によって生じる草本植物の豊かな場所を餌場とするシカは、草食動物として植生に大きな影響をあたえる可能性をもっている。旧石器時代以来、ヒトがもたらす自然へのさまざまな干渉に乗じて、シカはその生活の場を拡大してきたのであろうか。同時に、狩猟採集経済の時代から現代にいたるまで、シカはヒトによる狩猟の重要な対象ともなってきた。狩猟によってヒトが絶滅させた動物が少なくないなか、シカはヒトによる狩猟にも抗して生きのび、時には爆発的に個体数を増加させるような繁殖力を誇っているのである。

シカが餌とする植物をふくむ植生と、シカとヒトのあいだには、太古の昔から複雑な三者間関係がなりたってきたといえるのではないだろうか。現在の日本列島では、かつてなかったタイプと規模をもったヒトによる自然への干渉が、シカの異常な増加をもたらし、植生にきわめて大きな負の影響をおよぼしているとみることができそうである。ヒトとシカと植生の三者間関係の適切なバランスを回復するためには、牧草緑化をはじめとして、ヒトの自然に対する干渉の多様なあり方を、一つひとつみなおすことが必要なのではないだろうか。

第五章

健全な生態系とは

生態系の指標種、フクロウ

健全な生態系／不健全な生態系

生態系を有機体に喩えることは、両者のあいだにいくつかの本質的なちがいがあるため、適切とはいえないことを第二章で述べた。しかし、生態系が有機体とは本質的に異なる点をしっかりとふまえたうえで、生態系の健康・不健康、あるいは病気などの「喩え」をもちいることは、生態系の現状やそれを適切に管理することの重要性をわかりやすく表現することができるという点で役にたつと考えられる。ここでは、そのような意図から「生態系の健全性」という表現をもちいることにする。

健全な生態系とは、ヒトがそこから自然の恵みを十分に得ることができるような生態系である。そこでは、多様な動植物や微生物の連携プレーによって、有機物の生産、栄養塩の再生・保持・循環、特有の撹乱作用とそれに対する植生の応答などの、多様な生態系のプロセスが円滑にすすみ、エネルギーや物質のダイナミックなうけわたしと循環が保障されている。そして、それらの担い手である動植物や微生物が、絶滅の心配なく存続することができるような条件が整えられているのである。

このような性質は、ヒトの干渉によって大きく機能の損なわれた生態系である不健全な生態系においては、決して期待することができない。不健全な生態系は、自然の恵みを提供することができない。なぜなら、生産性が低下し、土壌からは栄養塩が溶脱し、動植物が絶滅しやすく、システム全体が不安定化するなどの兆候があらわれているからである。わずかな外力によって極端な変化がもたらされるのも、不健全な状態と言えるであろう。

生態系の復帰性

一般にシステムの安定性は、外から変化をうながすような力をうけたときのシステムの反応によって評価できる。どのような反応が安定性をもたらすのかという点からは、二つの性質の重要性が認められる。一方は、外力に抗して変化しない性質である「抵抗性、レジスタンス」、もう一方は変化してもすばやくもとに戻る性質である「復帰性、レジリエンス」である。

生態系の内部には、生態系を不安定化させる可能性のあるさまざまな要素やプロセスがふくまれている。また外部からは、さまざまな外力や撹乱をうける。それでも生態系が安定性をたもつとすれば、それは、どのようなメカニズムによるのだろうか。森林を例に、考えてみよう。

森林の中には、さまざまな撹乱をうけながら何千年ものあいだ、変わらない姿をたもっているものがある。しかし一方で、かつての森林が低木の疎林や荒れ地に変わってしまったものもある。そのちがいをもたらすうえで重要なのは、撹乱に対する復帰性だと考えられる。撹乱とは、すでに述べたように、植生を破壊する外力である。それに対する生態系の抵抗性はほとんど問題にならない。現実に、植生が破壊に抗しつづけるということはありえないからである。もちろん病害など、抵抗性が重要な意味をもつこともある。

たとえ撹乱によって破壊されたとしても、復帰性が大きければ、森林は撹乱をうける前と同じ姿に再生することができる。ところが、復帰性が乏しいと回復は望めず、荒れ地や不毛な裸地となったまま、遷移がほとんどすすまない場合もある。

森林の復帰性は、森林を構成している個々の生物の性質だけではなく、そこに発達しているいりくんだ関係性にも依存する。例えば、頻繁に山火事が起こる地域では、土壌の窒素分は火事のときに気化してしまい、再生に必要とされる土壌の窒素分は失われてしまっていると考えられる。それでも森林が再生するのは、窒素固定のできるマメ科植物やハンノキ属の植物が、共生微生物のお陰で土壌をふたたび肥沃《ひよく》にするからである。そのような樹種を経済的な価値がないからといってとりのぞいてしまった植林地は、山火事に対する復帰性が低いものになってしまう。

健全な生態系に大切なこと

生態系の健全さを持続することができるかどうかは、人間活動がもたらす干渉に対して、生態系がどの程度の復帰性をもっているかに大きくかかわる。森林伐採の後に森林が再生する可能性は、土壌が失われていないか、森林構成種の種子がまわりから供給されるみこみがあるかどうかなどに依存する。その地域ですでに多くの種が絶滅している場合には、もはや復帰性はほとんど期待できない。少なくとも、その生態系の植生の骨組みをつくる植物種の種子供給源（シード・ソース）が十分に確保されていることが、復帰性のための重要な必要条件である。また、微地形を大きく改変するような人為作用は、地下水脈などの植生の成立基盤を変化させて復帰性を失わせる可能性が高い。

このような生態系の健全性という視点からは、許容される人為的変化と避けるべき変化をみきわめるうえで重要なのは復帰性であり、それは生物多様性に大きく依存すると考えられる。一方で、生態系のさまざまな特性のうち、生物多様性の特徴は、変化が不可逆的であることである。いったん失われた種は、再生することがないからである。生態系における種の喪失からの復帰は、まわりに同じような生態系があるていど残されており、分散・移入の可能性が十分に保障されている場合にのみ期待できるものでしかない。

生態系の機能が生物多様性に大きく依存するにもかかわらず、通常ヒトが関心をもつのは、生態系の中でも目をひきやすい一部の生物や生態系プロセスだけでしかない。生態系の健全性や持続性には、システム本来の複雑な構造と生物多様性が本質的に有用である。例えば、複雑な食物網というのは、ある経路が一つ失われたぐらいでは、別の経路がまだいくつも存在するので、エネルギーや栄養の確保に支障をきたさないことを意味する。単作の単純な農地や林地の生態系ほど、病害や虫害に対してもろいのはよく知られた事実である。また、気候変動などの長期的な環境変化に対する生態系の「適応性」も、生物多様性に大きく依存する。したがって、生物学的多様性の維持は、健全な生態系を持続させるために、もっとも優先させるべきことがらであるといえよう。

「生態系管理」を生んだ限界性の認識

私たちの日常生活も産業活動も、生態系が提供する自然の恵みによってなりたっている。今後、科学技術がいかに飛躍的に発展しようとも、生態系から提供される資源（有用物）と諸機能（サービス）、すなわち生態系の恵みにたよることなしに人類が生きられるようになるとは考えられない。

しかし、序章で紹介したいくつかの例からも明らかなように、生態系がいつまでその恵みをあたえつづけてくれるかは、私たちが生態系をどのように利用し、管理するかにかかっている。現世代の一部の人々が富とサービスを最大限に享受するべく利潤追求や経済性だけを優先させることは、遠くはない将来に資源の枯渇や生態系の機能不全をもたらし、後の世代の人々に辛苦にみちた生活を強いること、あるいは過酷な運命をおしつけることを意味するのではないだろうか。

今から一〇〇年前には、生態系の持続性が問題にされることはほとんどなかった。地球上にはまだまだ広大な処女地が残されており、資源の供給が途絶えることを心配する必要はほとんどなかったからである。また、人間活動にともなって生じる廃棄物や汚染についても、楽観的に無限の浄化作用を信じることができた。

二〇世紀になると、人口増加にいっそうの拍車がかかり、土地・資源・エネルギーの利用が加速度的に増加した。同時に、砂漠化、土壌流失、農地の劣化、水・土壌・大気の汚染、種の衰退や絶滅など、生態系の健全性が明らかに損われつつあることを示す兆候が次々に顕在化しはじめた。また一方で、これまで無尽蔵と思われていた資源の枯渇を強く意識しなければならない事態、例えば海洋漁業資源の枯渇などが危惧されるようになった。国連食糧農業機関（ＦＡＯ）によれば、一九九五年には、世界の海洋漁業資源の七〇パーセント程度が緊急に保全対策をたてなければならないような状況に陥っていたのである。

そのような環境の悪化に対する広範な危機感は、リオデジャネイロでの国連環境開発会議（一九九二年）において、「持続可能な開発（発展）のための人類の行動計画」の提案と、「生物多様性の保護に関する条約」と「気候変動枠組み条約」の二つの条約の採択という具体的なかたちをとった。しかし、当時、重用された「持続可能な開発」というスローガンは、次項で述べるように、今では地球の資源や空間、生態系の浄化能力の有限性との関係において矛盾をはらむ目標であることが強く意識されている。

地域社会の持続可能性、あるいは人類の持続可能性をどのようにして保障したらよいのか、二〇世紀の最後の一〇年間には、そのための模索がさかんに行われた。

持続可能性をめぐって

すでに序章で述べたように、後の世代の人々が私たちと同じように自然の恵みを享受できるようにすることを、生態学や環境学では「持続可能性」あるいは「持続性」とよんでいる。資源も空間も有限な地球上において、無制限に開発を追求することが不可能であることは、第一章で紹介したいくつかの例をはじめとして、人類がこれまでに経験したいくつもの悲劇が示している。今では、開発や人間活動のあり方を調整し、健全な生態系の持続性を最優先させることの必要性が強く認識されるようになっている。

ひところよくもちいられ、今ではその有効性に疑義がもたれている「発展（＝開発）の持続性」という概念にも、本来は、後の世代の発展の可能性を損なうことのないように、現世代の発展をコントロールする必要があるという意味が込められていた。

「持続可能な開発（あるいは発展）」は通常、「将来の世代が、彼ら自身の必要性をみたすことを損なうことなく、現世代の要求性をみたすための開発」と定義される。それらは、

1　開発が富だけでなく、人々の幸福もふくめた広い意味での必要性のために行われるべきであること、

2　世界中の人々（世代内公平）だけでなく、後の世代の人類（世代間公平）の必要性も考慮すべきであること、

3　増大する必要性に応じた開発を持続させても、環境がそれによって損なわれることがないような開発のあり方が存在すること、

4　その場合でも、後の世代の必要性と現世代の要求性の両立が容易ではない可能性があること、

などをその内容あるいは前提としてふくんでいる。しかし、このうちの3がはたしてなりたつかどうかには、おおいに疑問がもたれている。有限な地球で、要求性の増大にあわせて無限に自然への働きかけを増大させていくこと（＝開発）はできないからである。一方で、「持続可能な開発」の美名のもとに実行される開発には、結局は環境や生物多様性を損なうものが少なくないという事実もあり、この目標は、今ではかつてほどの支持をうけなくなっている。

それに対して、「開発」の持続性や「収量」の維持ではなく、「健全な生態系」を持続させることこそ、私たちがもっとも重視すべき目標でなければならないという見方が、持続可能性を希求する人々のあいだで有力になってきている。持続性のためには二つの社会的目標、「生物多様性の保全」と「健全な生態系の持続」を同時に追求することが必要であるとされる。それは、「生物の絶滅を防ぐ」ことが「健全な生態系を持続させるため」の具体的な方策である一方で、「健全な生態系の持続」なくしては「生物多様性の保全」もありえないからである。そして、それらを統合的に実践するための社会的方策として提案されているのが、「生態系管理」である。

「生態系管理」思想によるアメリカの転換

持続可能性を優先し、短期的な利便性や利潤追求を制限する必要があるという考え方は、アメリカ合衆国ではすでに、森林や河川の管理のあり方に大きな転換をもたらしつつある。そこでは明らかに、収益や利便性を犠牲にしてでも持続性を確保するという方向性が指向されている。また、

「環境と経済との調和」という安易な調和論をのり越えて、環境の持続性を枠組みとするべきだという考え方の台頭や、経済パラダイムから環境パラダイムへの転換ともいうべき社会的な意識変革を読みとることができる。

例えば合衆国森林局は、第二章で述べたように、国有林の管理における主な目標を、森林資源の収量の維持から生態系の持続へと大きく転換させた。各地で森林の多面的な機能を維持するための保全計画が作成され、さまざまなとりくみがはじめられている。

一方、ダムの管理や運営についての政策の転換も急である。アメリカ合衆国においては、一九三五年から六五年にかけて巨大ダムが次々に建設された。それらのダムは、水利用、治水、発電、観光などの効用を通じて、二〇世紀の合衆国の社会と経済を支えた存在である。

しかし、大きな便益が生みだされる一方で、非常に大きな環境コストをともなうことが次第に意識されるようになっている。それは、自然の河川のもっとも重要な生態系過程ともいえる、変動性ならびに堆積物の運搬・堆積過程の喪失と、生態系の分断化がもたらす流路の形状や河畔植生の変化、生物多様性の衰退、生産性の低下などである。第六章で詳しく紹介するように、生態系の健全性をとり戻すためのダムの管理・運用はどうあるべきかについて、合衆国では「生態系管理」の立場にたった模索がはじめられている。

「生態系管理」とは何か

持続性のための森林、草原、湿原、河川、流域などの新しい管理手法を「生態系管理」とよぶ。「生態系管理」とは、たんに生態系を対象とした管理という意味ではない。生態系管理は、地域の生態系の望ましい特性、すなわち生物多様性や生産性の持続、あるいはそれらの回復のための活動を導く科学・技術を広くさす概念である。

生態系管理の必要性が強く認識され、急速にその実践がひろまったのは、生物多様性の急激な低下や砂漠化、農地からの土壌流失、漁業資源の枯渇など、ヒトにとって重要な生態系のサービスが急速に低下しはじめるという深刻な事態が発生し、これまで生態系の持続可能な利用の仕方をしてこなかったことへの深い反省が生じたことによる。また、生態系にかんする科学的な理解が深まり、管理に必要な知識やモデル化の技術が向上したことも、生態系管理の実践に寄与している。

一九九六年に、クリステンセンら多数の著者による総説のかたちで発表されたアメリカ生態学会の生態系管理にかんする勧告においては、生態系管理は「健全な生態系を持続させるための管理」と定義されている。本書でも、生態系管理をその意味でもちいることにする。

自然から得られる資源やサービスにかんして、短期的な当面の収益を最大化するような従来型の管理は、生態系管理の範疇にはふくまれない。持続可能性（＝有用な資源やサービスの供給の持続可能性）を目的にした管理のみに、この語の使用は限定されなければならない。

短期的な利益よりも長期的な持続性の優先を旨とした管理と定義される生態系管理は、どちらかといえば「人間中心主義」の立場にたったものである。持続可能性というのは、経済重視の考え方をする人々であっても、「世代間の公平」に配慮するかぎり異義をとなえることがむずかしい目標であるといえる。地球や生態系の限界性を認識すれば、健全な生態系の持続性の維持は、人類にとっての最適な戦略であると認めざるをえないからである。

現代の生態系観がもとめるもの

生態系は、ある限定された空間範囲に存在するあらゆる生物と、それらをとりまく非生物的環境、そしてそれらのあいだにあるすべての関係からなりたつシステムである。システムとしての生態系の機能や持続性を決めるのは、第四章で紹介したように、生物要素や環境要素だけでなく、それらのあいだに複雑に結ばれている多様な関係や相互作用である。それらは、一括して「生態系プロセス」とよばれている。生態系プロセスには多様なものがふくまれるが、とくに、その生態系を特徴づけるような重要な過程を損なわないようにすることが、「健全な生態系の持続」という目標の内容となることについては、本章の冒頭で述べた。

第二章で述べたように、今世紀のはじめに優勢であった生態系観は、クレメンツの「有機体」的生態系観であり、一般への影響は今日にまでおよんでいる。その生態系観においては、生態系や生物群集を有機体になぞらえ、構造や機能のうえでの恒常性を期待する。すなわち、変化をもたらすような外力をこうむっても、遷移によって「正常な」本来の姿に戻る自己復帰性をもつとみなすのである。安定性や平衡によって「正常な」本来の姿への復帰が可能であるとする見方は、やがて、いかなる人為的な干渉をうけたとしても、それさえのぞけば後は放置しておいても正常な姿に戻るのだという、生物多様性の保全にとってはどちらかといえば危険な誤った認識をひろげることにつながった。

現代生態学が、生態系を有機体に喩える「超有機体」パラダイムを否定し、「不均一性と変動性の支配するダイナミックなシステム」とみるということも、第二章で詳述した。つまり、時間とともに変化する系であり、内部は不均一で多様な部分を内包するシステムとみるのである。「正常なあるべき姿」や平衡点に復帰する生態系というイメージは、少なくとも生態学の中からは払拭されている。

平衡を前提とするかつての生態系観によれば、まもるべきは「正常なあるべき姿」であり、遷移の行き着くさき、すなわち極相が保護の目標とされる。人為を排すれば、いずれ本来の姿がとり戻されるとみる見方からは、「保全のための管理」という考え方はでてこない。たんに人為を排することが、自然保護だということになる。

しかし、生態系を「不均一で変動の大きい系」とみると、何をまもるべきかはそれほど自明ではなくなる。撹乱と不均一性の生態学の普及に大きく貢献したピケットとホワイトは、一九八五年に「自然保護は変化せざるをえないものの保持を追求するという矛盾をはらんでいる」と述べている。つまり、変化するダイナミックなシステムそのものを保持することが、自然保護であるともいえる。

人為がもたらす、自然の撹乱とは質の異なる大きな撹乱は、時として不可逆的な変化を生態系におよぼす可能性がある。したがって、望ましい変化、うけいれてもよい変化と、保全のためには「避けるべき変化」とを峻別することが必要となる。一方、適当な人為的な干渉によって望ましい変化をもたらす場合もあると考えられるので、「保全のための管理」が意味をもつ。うけいれてもよい変化と避けるべき変化をみきわめるうえで重要な概念は、すでに述べた復帰可能性である。

生態系管理に要求される要素

持続性の希求が生んだ生態系管理の思想と、その背景となる生態系観にもとづくなら、実際の生態系管理プログラムは、おのずから次のような要素をふくまなければならないことになる。

(1)根本的な価値としての長期的な持続可能性：すでに述べたように「持続可能性」という社会的な目標が生態系管理という考え方のもっとも重要な動機である。

(2)明確な操作的目標：操作的な目標は、持続性という目標の実現に欠かせない、生態系の要素や過程の望ましいあり方を規定する具体的な目標であり、その到達度がモニタリングによって把握できるようなものを設定することが必要である。

(3)しっかりした生態的なモデルと理解：生態系管理は、しっかりした生態学的な原理にもとづき、生態的過程や生態系の要素の相互連関性に十分に配慮しつつ実施される必要がある。また、それは、現時点のもっとも優れた生態系モデルにもとづいたものでなければならない。同時に、管理に必要とされる生態学的な調査・研究は、生態系のレベルに限定することはできない。個体レベルでの生理、形態、行動にかんするものから、個体群や生物群集の構造機能にかんするもの、さらには生態系や景観のレベルにおけるパターンやプロセスにいたるまで、現在、生態学がとりあつかっているいくつものスケールにわたる調査・研究を有機的にくみあわせる必要がある。

(4)複雑性と相互関連性についての十分な理解：生態系の複雑さや生態系の機能を支える要素の相互関連性についての十分な理解がないと適切な管理はなしえない。生物多様性と生態系の構造的な複雑性は、有機物生産、エネルギーの流れ、物質循環など、生態系全体をつらぬく生態系過程にとっても重要な意味をもつことがある。また、複雑さや多様性は、撹乱に対する安定性や復帰性にもかかわる。

さらに生物多様性は、適応進化による長期的な変化に必要とされる遺伝的資源の提供という意味でも重要である。農地や植林地など、なりたちにおいて人為が大きくかかわる生態系では、少数の要素（＝作物や林木）の生産性を最大化するべく、複雑性や多様性を極度におさえた管理がなされる。そのような生態系は、人為的な改変をあまりうけていない生態系、すなわち多様な要素とプロセスをふくむ生態系にくらべると安定性や復帰性に乏しく、持続性も期待できない。しかし一方では、多様性の大きい複雑な生態系は、その複雑性ゆえに不確定性が大きい。不確定性、すなわち予測のむずかしさは、私たちの知識が不十分でないことにも由来するが、それだけでなく、対象の複雑性じたいが必然的に不確実性をもたらすからでもある。そのため、不確実性を十分にみこした管理を計画しなければならない。

(5)生態系のダイナミックな性格についての十分な認識：生態系のダイナミックな性格を管理の前提とする必要がある。持続性を重視するということは、決して平衡状態のような、静的な一つの状態を目標にするということではない。変化と進化は生態系のもっとも基本的な性質である。生態系を特定のかたちあるいは状態に「凍結」させるような試みは、たとえ短期的に成功することがあっても、長期的にみれば失敗とみなさなくてはならない。

(6)状況とスケールへの留意：生態系プロセスは、非常にはば広い空間的・時間的スケールの中で生起する。局所的には、プロセスの様相は、それらをとりまくシステムや景観のありようや状態、ふるまいに非常に大きく左右される。管理にとって適切な、単一の空間的なスケールや時間枠があるわけではないことを十分に考慮しなければならない。

⑺ヒトが生態系の一要素であることの認識：生態系の将来を決めるうえで、生態系の一要素となっているヒトの役割を十分に尊重することが必要である。生態系の管理は持続性にとってなくてはならないものであるが、それだけでは不十分である。というのは、人口の増大、貧困、エネルギーと資源の利用にかんする認識の問題など、むずかしい問題がたくさんあるからである。

⑻適応的で説明責任を重視したとりくみ：生態系管理は、順応的であると同時に説明義務によく応えるものである必要がある。画一的なマニュアルにもとづく管理ではなく、時と場所におうじて状況に柔軟に対応することができるものでなければならない。さらに、情報が新しくなり知識が深まることにも対応して、管理手法を変化させていくことが保障されなければならない。すなわち、管理の目標や戦略は仮説とみなすべきであり、その仮説は、注意深く計画された調査やモニタリングによって検証されなければならない。

以上の条件がみたされるためには、管理の目的や狙いが、具体的に操作的な用語ではっきりと述べられることが必要である。また、それは、生態系の機能にかんする現時点での最良のモデルを基礎に、注意深く計画された調査やモニタリングによって検証されなければならない。そして、その検証の結果は、迅速に管理者に伝えられ、管理にフィードバックされる必要がある。ようするに生態系管理は、現代生態学にしっかりと根ざしたものでなければならないということである。一方で、一般市民が、管理は「実験的なもの」であることを十分に理解し、それをうけいれることなしには生態系管理はむずかしいということも銘記しておきたい。

どう計画し、実践するのか

一九九九年、アメリカ生態学会は、クリステンセンらが一九九六年にまとめた生態系管理についての勧告を採択した。その中で、生態系管理が実際に計画されたり、実施される場合には、次のような点に十分に留意する必要があるとしている。

①持続性を最優先させて目標設定をすること：水需要、木材の生産需要など、生態系の単一のサービス（機能）のみを優先的にとりあげると、持続性の保障は困難になることがある。持続性を第一に考え、それにあわせた財やサービスの適切な供給を計画しなければならない。

②適切な空間スケールでの実施：生態系の諸プロセスにみあった空間的なスケールで管理を実施することができれば、より単純な手順で目標に近づくことができる。生態系のプロセスによって、考慮すべき空間的なスケールが異なっている場合には、それらすべてのプロセスにかんして完全に調和的な空間の範囲を設定することは困難である。

③適切な時間スケールでの実施：実施期間が財政上の時間設定に左右されると、生態系管理の効果をあげることはむずかしい。ヒトの寿命を超えるような長い時間スケールで実施させる必要のあ

るケースも少なくない。長期的な計画と実践がもとめられる。

④実施のための体制が、十分に順応的で、しかも、説明義務をしっかりとはたすものであること…生態系じたいの変化や生態系にかんする理解の深まりなどにおうじて、計画や手法を適切に変えていくことができるものでなければならない。言いかえれば、生態系管理は順応的管理として実施されなければならない。

多くの生態系管理では、一般には森林地域や河川流域などが対象とされ、比較的大きな規模で自然のプロセスの模倣や回復が試みられることになる。実践においては、管理をきめ細かくいくつかの領域にわけ、計画をたてることが必要になる。

不確実性に対処する

生態系管理の手法として推奨されている「順応的管理」は、対象に不確実性を認めたうえで、政策の実行を順応的な方法で、また多様な利害関係者の参加のもとに実施しようとする新しい公的システム管理の手法である。順応的管理の基礎となる考え方は、一九五〇年代に発展した工場操業理論にも反映しているが、天然資源の管理への適応は一九七〇年代からとされる。

順応的管理においては、管理や事業を一種の実験とみなす。計画は仮説、事業は実験ととらえられ、監視の結果によって仮説の検証が試みられる。その結果におうじて、新たな計画＝仮説をたて、よりよい働きかけを行うべく、事業の「改善」がめざされる。この順応的管理プログラムにおいては、科学的な立場からの意見をもふくめ、広く利害関係をもつ人々のあいだでの合意をはかるような合意形成のためのシステムをつくることが重視される。

それは、科学的な要求、行政上の必要性、社会的なさまざまな要求のいずれをもバランスよく考慮するための意思決定フォーラムのようなかたちをとることが考えられる。そこでは、研究者をふくめた利害関係者ができるかぎり正確な科学的データをもとに、専門的な事項についても十分に理解したうえで、合意形成がはかられることが望ましい。

順応的管理プログラムは、そのような意思決定フォーラムを中心に科学的な事項もふくめて「為すことによってともに学ぶ」ための社会的プロセスが保障されなければならず、行政、市民、研究者の前むきなかかわりあいが成功の鍵をにぎる。とくに順応的管理にかかわる研究者は、計画立案にようするデータをとるための調査研究、モニタリングの手法や標本抽出法の検討、統計解析、科学的モデルの開発や改良などの、プログラム実践上必要性の高い研究課題を最優先課題としてうけいれる必要がある。また、調査・研究・モニタリングの結果にかんする情報を伝達するために、従来の論文による研究成果の公表以外の多様な伝達手段を要求される。

順応的管理プログラムをより有効なものとしていくためには、利害関係者のあいだでのプログラムの目標にかかわる価値観の共有、行政の立場からプログラムにかかわる人員の確保、市民のパートナーとしての役割の強化とそのための行政組織の改革、経済的な損失や予期しない負の影響などのリスクをある程度は許容することに対する関係者のあいだでの合意、などが必要であるとされる。

撹乱、人為的干渉と順応的管理

第二章で、ブルーマウンテン山地における耐火マツ林において、小規模な山火事をそのたびに消化するというヒトの行為が、結果としてきわめて規模の大きい山火事によるカタストロフをひき起こしたことを紹介した。それは、自然の撹乱によって維持されている生態系からそのタイプの撹乱をのぞくと、生態系じたいが崩壊してしまうことを示す例である。

南アフリカでクリューガー国立公園が設立されたときのことである。白人の公園管理官は、狩猟は野生動物の保護区としての公園設立の趣旨に反するとして、伝統的にその場所で狩猟を行ってきたアフリカ系の住民を公園から追いだしてしまった。ところが、狩猟のために火をはなつという永年続いてきた人為的な干渉がなくなると、草原は次第に灌木林に変化し、保護すべき野生動物の生息に適した環境が失われてしまったのである。昔ながらのやり方で狩猟する人々を追いだしたことが、保護しようとしていた野生動物をむしろ苦境に追いやる結果になることを示した例である。

ヒトの干渉は、それが永年そこで暮らす人々が続けてきた伝統的なものであれば、生態系プロセスの一部といってよいほど生態系に馴染んでいる可能性がある。しかし、新たなヒトの干渉は、自然の撹乱やヒトによる伝統的な干渉とはきわめて異質の効果をもたらし、動植物の絶滅など、生態系に不可逆的な変化をひき起こしがちである。したがって、新たなヒトの干渉は、どのような生態系にかんしてもできうるかぎり慎重になされなければならない。

また、複雑さやいりくんだ関係を尊重することは、かならずしも調和し、バランスがとれているとはかぎらない生態系の健全性を損なわないようにするために、第一に優先しなければならない配慮である。そのためには、人間が利用できるもの、人間にとって直接価値をもつものだけでなく、生物間相互作用でそれらと結ばれ、直接・間接にかかわりあっているもののすべてを維持することが必要である。つまり、生物多様性と生態系の基盤をなしている物理的な生態系プロセスを尊重することが、なによりも必要である。

生態系の管理とは、なんらかの生態系の理論をそのまま適用すればすむというものではない。今日、北アメリカにおける森林や河川管理の標準的な手法となっている順応的な生態系管理（第六章参照）では、ダイナミックに変化する生態系にかんして生態学が明らかにしたこと、明らかにしつつあることをふまえて、生態系の健全な状態を持続させるために肝要な要素やパターンやプロセスの維持に努めている。そこで追求されるのは、二〇世紀の商業主義的森林管理において重視された「生産の最大化」や、自然保護区の管理でめざされた「現状の維持」や「人為の排除」ではなく、その生態系にふさわしい健全な姿や生物多様性の保全である。

順応的生態系管理においては、まず、あらゆる生態系はダイナミックに変化するのが本来の姿であり、その変化がどのようなものであるかは、時として予測がむずかしい、ということを前提にする。また、数千年以上前からヒトは、生態系のパターンやプロセスに少なからず影響をあたえてきており、ヒトの干渉の役割を十分に理解することなしには適切な管理を行うことができないということを前提にする。さらには、現在まだ十分に理解されていないとしても、生態系にふくまれるすべての種とプロセスは、生態系の健全な機能の発揮に重要な役割をはたしている可能性があるとみなす。したがって、順応的生態系管理においては、できうるかぎり自然のプロセスと生態系の要素を維持し、回復させ、模倣するように努める。

実は、科学そのものが本来は順応的なものである。真理に近づく過程で、実験や実践の結果を検討して、古い仮説が捨てられ新たな仮説がたてられる。順応的な管理とは、生態系の科学的な管理のためにとりうる唯一の方法であるともいえる。保全生態学は、順応的な生態系管理を行いながら、ヒトと自然が持続可能な関係を築いていくためになくてはならない科学である。

次章からは、これまで述べてきた順応的管理が、実際にどう計画され、実践されているのかを、いくつかの事例からみていきたい。

第六章

巨大ダムと生態系管理

オナガハヤブサ

砂漠に突然、巨大な湖を出現させたグレン・キャニオン・ダム。

計画された洪水

一九九六年の早春のことである。序章でもふれたグレン・キャニオン・ダムにたくさんの科学者と、それをうわまわる数の報道関係者が集まっていた。その日、このダムでは、世界ではじめての大がかりな生態系実験ともいえる制御洪水の実験が行われることになっていたからだ。この放流実験は、ダムができる前には毎年起こっていた春先の雪解け水による洪水を模したものであり、アメリカ合衆国の河川やダムの管理にかんする一大政策転換を、世界中に強く印象づけるものとなった。

三月二六日、バビット内務長官（当時）が陣頭指揮にたち、世紀の大実験が開始された。ダムの下方の余水吐《よすいはき》から、ふだんは決して放水されることのない大量の水がいっせいに吹きだした。それは、バビット長官みずからが「資源管理と保全にかんする新しいトレンド」と表現した、合衆国における新しい河川管理の方針を広くアピールするためのデモンストレーションであると同時に、新しい方針によるダム管理に必要な科学的情報を得るための実験でもあった。

グレン・キャニオン・ダムの下流は、世界的な景勝地として名高いグランド・キャニオンである。その実験の日の少し前から、グランド・キャニオンのコロラド川の川べりにも、崖のうえにも、あるいは近隣のホテルの部屋にも、多くの研究者や研究を補助するボランティアが、調査や実験に必要な装置や器具を用意し、あるいは事前データを集めながら待機していた。

さまざまな分析にもちいる多様な採水容器やプランクトン・ネット、魚をすくうための網などをもって水際や川の中にたつ人。岩の動きを研究するために、大きな岩にドリルで穴をあけて圧力計を挿入する人。岸辺のテントで、採集した水の中の微小な生物や植物破片を顕微鏡で観察するための準備をする人。川の両岸に渡されたケーブルに吊《つ》り下げられたビデオカメラをテストする人。それぞれが準備に余念がない。実験が開始され、ダムから吐きだされた水が、やがてそれぞれの待機する場所に到達すると、人々の動きはいっそう活発になった。

ある川べりでは、洪水がはじまると、ホースから大量の赤い色素を放出している人がいる。色素の動きによって、川の水の動きを観察するためである。カヌーにのって水流にボールを浮かべる人もいる。ボールの動きをカメラが追いかけている。岸に堆積していた砂や礫《れき》が、崩れて流れていく様子を記録する人もいる。岸辺のテントの中では、採水した水にふくまれている川虫を選りわける作業が行われている。四角いフレームのようなアンテナを掲げて支流の淵にたつ研究者は、絶滅危

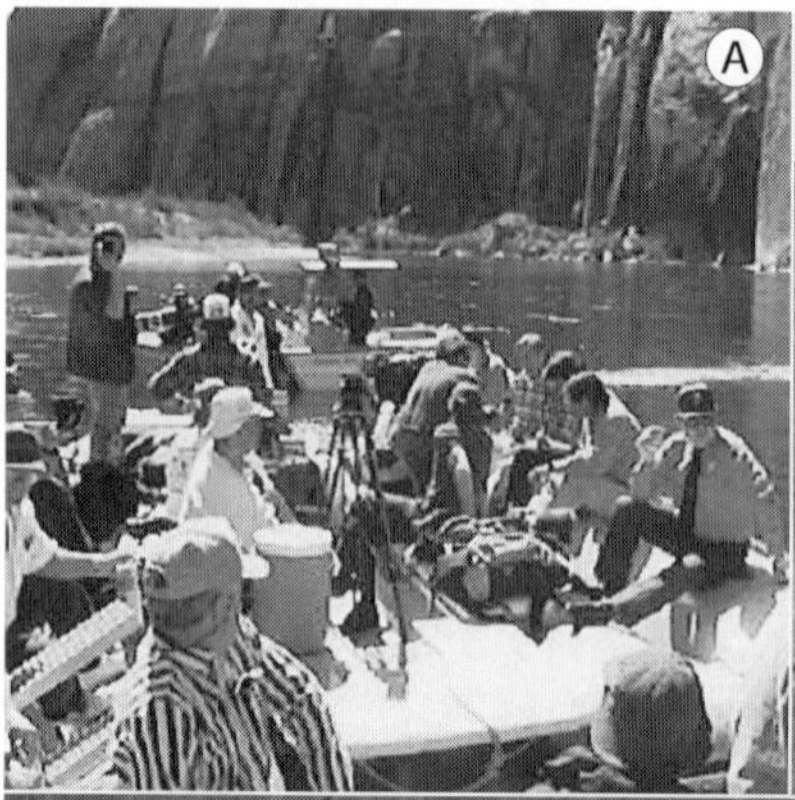

計画洪水の前日、マスコミの質問に答えるバビット長官（手前、後向き）（A）と、水の事前サンプルを採取するＵＳＧＳの研究者ダニエル・エバンス（左）とマイケル・ダイ（右）（Ｂ）。

３月26日午前６時15分、グレン・キャニオン・ダムの余水吐からいっせいに水が放出された（Ｃ）。（Ｄ）は、ホースから赤い色素を川にまいているＵＳＧＳの研究者、ジュリア・Ｂ・グラフ。

写真はいずれも、U.S. Geological Survey のホームページより。

惧種となった在来魚に装着した発信器から送られてくる電波を受信し、洪水時の行動を調査している。

この放流実験は、七日間にわたって続けられ、研究者たちはさまざまな科学的データを得ることができた。さらに時間をかけて実施しなければならない調査対象もたくさんあるが、それらについては事前調査にくわえ、短期および長期のモニタリング調査がいくつも実施されている。

生き物にかんする調査では、カナブアンバースネイルというカタツムリにかんして、とくに念いりに事前調査とモニタリングが計画された。このカタツムリが絶滅危惧種であり、絶滅危惧種法によって、その保護が厳しく義務づけられているからである。

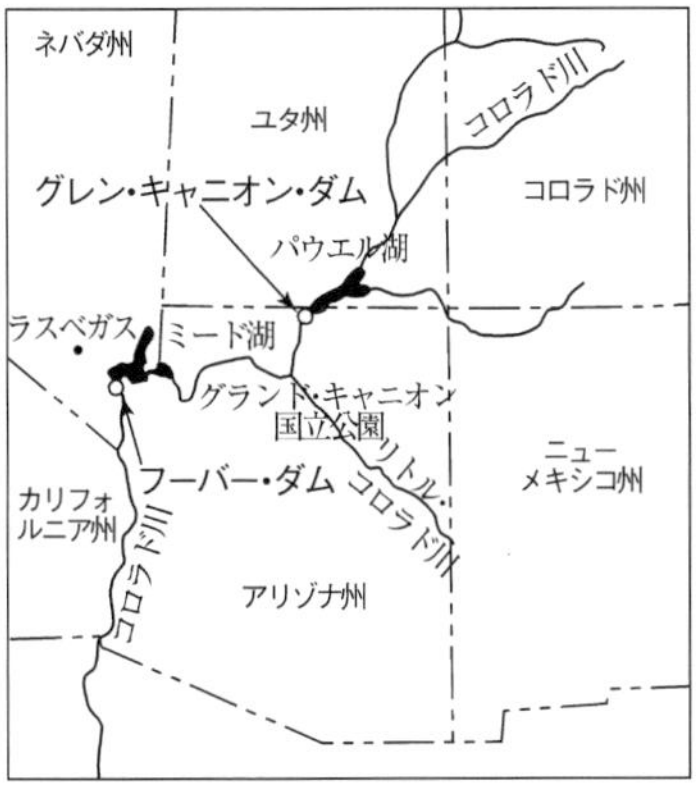

グランド・キャニオン周辺地図

洪水によって砂が堆積して発達した川辺は、その後も定期的に面積が測定された。また、植生がこうむった被害とその回復過程についても、定期的に調査が実施された。

グレン・キャニオン・ダムとは

放流実験が行われたグレン・キャニオン・ダムは、アメリカ合衆国西部の砂漠の中にある。この地域は、ロッキー山脈の水を集めて流れるコロラド川が砂漠の台地を深く削ることによって、特異な景観の渓谷をつくりだしている。

なかでも世界的に有名なグランド・キャニオンの上流の渓谷、グレン・キャニオンを閉ざして水を貯めているのが、グレン・キャニオン・ダムである。

グレン・キャニオン・ダムは、アメリカ合衆国におけるダム建設の黄金時代ともいえる一九六〇年代に、コロラド川貯水計画における重要な役割を担う六つのダムの一つとして建設された。

ナバホ族などの先住民の部落が点在するだけの、荒涼とした砂漠に立地が選ばれたのは、①地形的にみて大きな貯水量が確保できる、②崖壁や岩盤が強く安定しているために、高い安全性が期待できる、③計画地の近くに、ダム建設に必要なコンクリートの材料となる良質の岩石や砂を供給できるクリークが存在する、などの理由からであったという。

一九五九年四月に連邦議会で建設計画が承認をうけると、同年一〇月に着工し、まずダムの形状にあわせて渓谷が削られた。一九六〇年の夏からダム本体の建設がはじまり、一九六三年三月一三日午後二時に完成した。その時点でダムの水門が閉じられて水を貯めはじめ、一八年たった一九八〇年にようやく貯水湖のパウエル湖が満水の状態になった。その間、一九六三から六六年にかけて、発電用のタービンと発電機が設置されている。

ダムの水門が閉じられてからは、試験的な若干の放水は認められているものの、発電をともなわない無駄な放水は極力避けるようにダムの運用がなされてきた。その原則にもとづく最大の放水量は毎秒七〇〇立方メートルである。もちろん災害時など、さらに多くの水を放水しなければならないときには、余水吐をもちいて放水が行われる。

グレン・キャニオン・ダムでせきとめられた水は、二九〇キロ上流まで達し、パウエル湖を形成している。ダム建設によって、文字どおり砂漠のまん中に、水深が時には一八〇メートルにもなるきわめて特殊な湖が誕生したのである。パウエル湖の水は灌漑や水力発電に利用されているだけではない。広大な砂漠の中に突然出現した大きな水の塊ともいえるパウエル湖は、その特異な風景で多くの観光客をひきつけ、毎年一〇〇万人もの観光客が訪れる観光名所ともなっている。

ロッキー山脈を水源とし、乾燥した西部地域を流れるコロラド川は、もともと流量の季節変化と年変動の大きい川であった。水量の季節的な変化としては、ロッキー山脈の雪が溶ける春の冷たい水の洪水、夏の嵐による洪水、夏から秋にかけての乾燥気候特有の渇水が特徴であった。何万年、何十万年ものあいだ、季節的な水位変動にさらされながらそこで生活してきた動植物は、そのような水位の季節的変動にうまく適応した存在となっていた。したがって、コロラド川の生態系全体が、そのような季節的な水位変動によくあったものとしてかたちづくられていたということができる。

ダムによってつくられた人造湖のパウエル湖では、コロラド川の上流部の季節的な水位変動をうけて、五月から七月にかけては水面が上昇し、その後は減少するという経過をとる。水位の季節変化は年間六〇メートルにもおよぶ。パウエル湖におけるそのような大きな水位変動によって、下流の水位変動は完全に制御されている。

グレン・キャニオン・ダムは、自然の水位変動を巨大なパウエル湖にすべて吸収させることで、下流への安定的な水供給を可能にした。ダムの建設費と運用費は、水力発電（最大発電量一一八万八〇〇〇キロワット）で得た電気を、西部の七つの州や政府機関に売ることによってまかなわれている。

すでに述べたように、グレン・キャニオン・ダムの下流は、世界的な景勝地として名高いグランド・キャニオンである。グランド・キャニオンは、その特異な自然景観ゆえ、国立公園に指定されているだけでなく、一九七九年には世界遺産にも指定されている。グランド・キャニオン国立公園は、アメリカ合衆国でもっとも人気のある観光地の一つであり、地元にとっては経済的に非常に大きな価値をもつ観光資源である。

洪水がなくなって変貌したグランド・キャニオン

グレン・キャニオン・ダムができたことで、コロラド川とグランド・キャニオンの生態系は大きく変化した。

ダムがなく、川がまだ人為的に制御されていなかった一九五〇年代には、春ごとに冷たい雪解け水による洪水があり、それによって、在来魚の生息に適した環境と砂漠の川辺にふさわしい植物の疎な植生が維持されていた。ダム建設前、水辺の植物は、そのほとんどが夏の洪水の後に発芽し、翌春の洪水がくる前に種子を生産して枯れる短命な一年草であったという。

ダムができて洪水がなくなると、多年生植物、特に外来種のタマリスクの優占がめだつようになった。水辺に外来の多年生植物からなる植生が発達すると、昆虫、爬《は》虫類、両生類、小鳥、小さな獣などがそこで生活するようになり、さらには、それらの動物を狙う捕食者をもひきよせるようになったのである。

グランド・キャニオンの垂直に切りたった崖《がけ》からは、砂漠の熱い太陽に焼かれて風化した砂礫が絶えず崩れ落ちている。定期的に起こる洪水は、崖から落ちた砂礫を洗い流してくれていた。ところが、ダムができて洪水がなくなり、川に落ちた砂礫が洗い流されることがなくなると、流路に砂礫が堆積しはじめた。そのため、グランド・キャニオンの呼び物の一つである急流下りが危険になってきているという。

赤い川から青い川へ

コロラド川の別名はレッド・リバー、すなわち赤い川である。上流から運ばれてくる細かい土砂のため、川の水が赤くにごることに由来するニック・ネームである。しかし、今やもはや赤い川ではない。川を赤くにごらせていた土砂がダムでせきとめられてパウエル湖に貯まり、ダムより下流側には供給されなくなったからである。そのため、かつては温かい赤い水であったものが、冷たく澄んだ青い水となった。

同時に、土砂の堆積による砂州の発達がみられなくなり、在来魚の生息場所として重要なよどみも消えてしまった。それに川の水が冷たくなったこともあいまって、ハンプバックチャッブなどの在来魚の生息条件を悪化させた。それに対して、マス類などの外来魚にとっては、冷たい澄んだ川の水はむしろ好都合であった。

在来魚に代わって外来魚が優占するようになると、以前にはみられなかったハクトウワシがグランド・キャニオンにやってくるようになった。アメリカ合衆国の国鳥でもあるハクトウワシは、一九八五年から八六年の冬にかけてはじめてグランド・キャニオンに姿をみせるようになり、それ以降、毎年観察されているという。

砂州や砂浜の減少は、グランド・キャニオンにおいては、とくに重要な環境問題として認識されている。砂州は、コロラド川沿いの植物や野生生物に格好の生育・生息場所を提供するだけでなく、川下りをする人たちにも心地よいキャンプ場を提供してきたからである。キャンプ場として川辺を利用する観光客は、年間八万人、川下りをする人は二万二〇〇〇人におよぶという。砂州の発達がみられなくなったことは、生物多様性の保全という面だけでなく、地元にとっても、観光資源の劣化という経済的な面から無視することのできない大きな問題をもたらしたのである。

砂州の発達に欠かせない堆積物（土砂）の運搬は、グレン・キャニオン・ダムがつくられる以前には、一日あたり平均三八万トンほどであったが、ダム建設後、四万トンにまで減少してしまった。今ではグランド・キャニオンに堆積する土砂は、グレン・キャニオン・ダムよりも下流でコロラド川に合流する、リトル・コロラド川やパリア川などの支流から運ばれてくるものだけになってしまっている。

現在の土砂の堆積速度からみつもると、パウエル湖は七〇〇年もすると土砂で埋まることになるという。パウエル湖におけるこのような土砂の貯留は、四五〇キロ下流に位置するミード湖における土砂貯留を少なくし、ミード湖をせきとめているフーバー・ダムの耐用年限を長くするのに役だつことは、すでに序章で述べた。それらの土砂の一部は、かつては海まで運ばれていた。ダムによって土砂が下流側に供給されなくなったことで、海岸地形にも影響がおよんでいる。

グレン・キャニオン・ダムにおける通常の放流は、パウエル湖の水深の深い位置から行われる。そのため、下流側の水温はかなり低くなり、稚魚が温水を好む在来魚の生息範囲を狭め、逆に冷水を好むニジマスなどの外来魚を増加させることになった。絶滅危惧種のハンプバックチャッブも、稚魚の成育に温かい水を必要とするので、現在では、コロラド川の本流では繁殖できなくなっている。わずかに、支流のリトル・コロラド川で繁殖が認められるだけである。そのような在来魚への影響に対する対策としては、選択取水（ダム湖の水面に近いところから取水する）が計画されている。

一九七〇年代の半ばごろ、スポーツとして川下りをする人々や生態系の科学者が、グランド・キャニオンの環境の変化に気がつきはじめた。一九八二年には、この問題にかんして開拓局による本格的な調査がはじめられた。後で詳しく述べるように、その調査結果にもとづき、一九九二年にはグランド・キャニオン保護法が制定され、連邦政府がグランド・キャニオンの環境保全にとりくむことになった。その後もさらに綿密な調査が行われ、長期的な監視と調査のプログラムが策定されたが、大きな話題をよんだ一九九六年三月の制御放流実験も、そのプログラムの一環として実施されたものである。

巨大ダムの国の大転換

グレン・キャニオン・ダムにおける運用のみなおしは、アメリカ合衆国におけるダムにかんする政策の転換を反映したものである。一九九六年春の放流実験が、その政策転換を国内外にアピールするデモンストレーションであったことについては、すでに述べた。

人類によるダム建設の歴史は、文明の成立期にまでさかのぼる。すでに今から五〇〇〇年も前にエジプトでは、ナイル川の上流にダムがつくられたと伝えられている。はじめは小さな灌漑用のため池ていどであったダムも、人類社会の経済的な発展とともにしだいに巨大化していった。

アメリカ合衆国では、一九三五年から六五年にかけて多数の巨大ダムが建設された。グレン・キャニオン・ダムも典型的な巨大ダムである。現在、合衆国ではアラスカ、ハワイをのぞき、四八州のほぼすべての川がダムによって制御され、合計二〇〇〇以上の水力発電用のダムが稼動している。これらのダムは、水利用、治水、発電、観光などの効用によって、二〇世紀のアメリカ合衆国の発展を支えてきたのである。

しかし、大きな便益が生みだされる一方で、ダムによって河川を制御することには、非常に大きな環境コストがともなうことに注意がはらわれるようになった。環境コストの主要なものは、①自然の河川のもっとも重要な生態系プロセスともいえる変動性や撹乱を失わせること、②土砂の運搬・堆積過程を大きく変えてしまうこと、③自然の水域および陸上生態系の分断、などである。それにともない、流路の形状、河畔《かはん》の植生、水域の生物相などが大きく変化してしまうので、制御された

ダムなどによる河川の制御がもたらす影響（Collier ら〈1996〉より）

○直接的影響
・上流側の生息・生育場所の浸水。河川生産性の喪失 ・貯水池への外来生物の移入 ・下流域のデルタやそのほかの場所に供給されるべき堆積物の貯留 ・水質の悪化 ・一次生産の変化 ・下流の河口域やデルタの生物にとっての生息・生育場所と生産性の喪失 ・放流される水に堆積物が含まれないことによる下流域の生産性の低下
○ダム運用の影響（人間の水需要が水位変動を決めることにともなう影響）
・季節的流量変化の喪失 ・水位・流量の年変動の喪失 ・水位・流量の日変動の拡大

川の生態系は、自然の河川の生態系とは大きく異なるものとなる。そして、その変化の影響は海におよび、海岸の地形までも変化させてしまう。ダムがもたらす環境コストは、ダムの直接的な影響とダム運用の影響の両方から生じるが、それらを整理すると上の表のようになる。

洪水は本来、自然の河川にとって本質的ともいえる生態系プロセスである。土砂や砂礫の運搬・堆積、在来魚の栄養条件と生息場所の更新などに重要な役割をはたすからである。洪水による水位変動が失われることは、ダムによる河川制御のもたらすもっとも深刻な問題であると考えられている。

河川とダムの管理によって、経済発展を支える多様な便益がもたらされる一方で、きわめて大きな負の環境効果がもたらされることが、巨大ダムの国、アメリカ合衆国では他国にさきがけて強く認識されるようになった。「サケかダムか」というキャッチフレーズに象徴される論争のすえ、サケを望む側の要求が現実の政策を動かすまでになってきている。そこからはじまったのが、河川の生態系の保全と回復にむけての新たな模索である。工学的な効用や効率のみを優先する従来の河川管理には欠けていた生態系の視点を重視することや、科学と管理を結合した革新的な手法をとりいれる試みがはじまっている。それを象徴するのが、グレン・キャニオン・ダムで行われた人工洪水実験なのである。

現在では、ダム建設のみならず、各種の大規模な事業における費用/便益関係の検討において、建設と運営にかかる費用や直接的な便益だけを天秤《てんびん》にかけるのではなく、長期的な環境コストと社会的コストを十分に評価するように社会が期待するようになっている。

アメリカ合衆国において、新しいダムを建設することよりも、既存のダムについて、それが存在することの影響を明らかにし、よりよい管理・運営のあり方を探ることを基本とする方向に大きく政策が転換されたのは、そのためである。環境コストが明らかに大きすぎる古いダムについては、例えば、メイン州ケネベック川のエドワーズ・ダムやカリフォルニア州ヨセミテ国立公園のヘッチヘッチー・ダム、ワシントン州オリンピック国立公園のエルワ・ダムおよびグリネス・キャニオン・ダムのように、撤去が検討され、次々に実行に移されている。

グランド・キャニオン環境研究のスタート

グレン・キャニオン・ダムの建設と運用がもたらしたグランド・キャニオンの環境問題が広く認識されるようになると、一九八二年には内務省によるグランド・キャニオン環境研究がスタートすることになった。その第一期（一九八二〜八八）には、ダム運用が環境にあたえる影響を評価し、季節的な洪水がグランド・キャニオンの健全な生態系の持続性にとって重要な要素であるとの結論がだされた。

第二期（一九八八〜九六）の研究では、季節的な洪水のなくなったことによって、外来植物、外来魚、外来鳥類の増加がもたらされるとともに、グランド・キャニオンへの上流からの土砂の供給を減少させ、砂州の発達がおこらなくなっていることなどが、具体的なデータから確認された。

その間の一九九二年には、グランド・キャニオン保護法が制定された。保護法では、グレン・キャニオン・ダムは、グランド・キャニオン国立公園およびグレン・キャニオン国立レクリエーション・エリアの自然的、文化的、観光的価値を損なうことなく、さらには増進させるように運用されるべきであると規定している。また、長期的な監視のための科学的研究・調査が義務づけられている。環境影響評価や長期的な監視にかかる費用は、水力発電の売電でまかなうことも決められている。

グランド・キャニオン環境研究は、一九九三年に、グレン・キャニオン・ダムの下流側にあるグランド・キャニオンの生態系を蘇らせるためには、制御された洪水が必要であるという結論をだした。さらに、提案された制御洪水にかんする環境影響評価が実施され、実験が環境にとって問題となるようなインパクトをもたらす可能性はないとの最終報告書が、一九九六年二月に提出された。そして、本章の冒頭にあるように、同年三月に計画どおりに実施されたのである。

グレン・キャニオン・ダムの将来の運用にかんする影響評価の最終報告書（一九九五年三月）には、

制御放流実験をふくむ長期的監視のとりくみが、「順応的管理プログラム」として実施されるべきであることが記されている。ダムの新たな運用のあり方をみいだすための影響評価を主な目的とした、順応的管理プログラムである。しかし、順応的な管理はこの時点ではじまったというよりは、グランド・キャニオン環境研究じたいがすでに順応的管理の要素をもっていたともいえる。

どんな体制が必要なのか

第五章で述べたように、順応的な管理とは、不確実性をともなう管理の対象に対して、政策の実行を順応的な方法で、また多様な利害関係者の参加のもとに実施しようとする公的システム管理の手法である。アメリカ合衆国では、多様な事業に順応的管理の手法がとりいれられ、今では生態系管理における標準的な手法となっているが、順応的管理プログラム（グランド・キャニオン・モニタリング・プログラム）では、科学的な必要性、行政上の要求、社会的な要求のいずれをもバランスよく考慮するための意思決定フォーラムが重要な役割をはたす。そこでは、関係者ができるかぎり正確な科学的データをもとに、専門的な事項についても十分に理解したうえで合意形成をはかることがめざされる。

グランド・キャニオン・モニタリング・プログラムにおいては、意思決定のためのフォーラムである「グランド・キャニオン順応的管理プログラム・ワーク・グループ」が、利害グループを代表するメンバーによって構成されている。この場合の利害グループとは、以下のような多様な人や組織からなっている。

すなわち、六つの先住民部族（ホピ族、ナバホ族など）、七つの州（アリゾナ、カリフォルニア、コロラド、ニューメキシコ、ユタ、ネバダ、ワイオミング）、五つの連邦政府機関（開拓局、魚類野生生物部、エネルギー局、国立公園部、先住民問題局）、州機関（アリゾナ水鳥獣魚類部）、二つの電力会社、二つの環境グループ（アメリカン・リバーズ、グランド・キャニオン・トラスト）、二つのレクリエーショングループ（グランド・キャニオン・リバーガイド、アリゾナ・フライ・キャスターズ）である。

それぞれ各一名ずつのメンバーが、四年の任期で内務省から任命されてワーク・グループを構成する。さらに、これ以外に、内務長官が指名する議長（開拓局職員）がワーク・グループにくわわる。

ワーク・グループは、年にほぼ二回の会議をひらき、モニタリング・プログラムにかんする内務長官からの諮問《しもん》に答えたり、順応的管理にかんする政策、目標、方向性、優先事項などに対して勧告を行う。また、利害関係者の協働をうながし、それぞれのグループの要求をうけいれるための議論を行う。そうした会議は、一九九七年に一回、九八年に二回、九九年に三回、二〇〇〇年には二回開かれている。

ついで、順応的管理プログラムのためのモニタリングやリサーチに責任をもち、ワーク・グループと議長を補佐するために、グランド・キャニオン監視・研究センターが設立された。同センターは、八〜一〇人の常勤の科学者・技術者（内務省所属）をスタッフとし、順応的管理プログラム全体が円滑にすすむようにするための監視業務や、科学的に厳密な調査が行われるようにするための研究・調査を監督する業務にたずさわっている。順応的管理プログラムにおけるあらゆる研究・調査プログラムは、このセンターによってコーディネイトされる。順応的管理プログラムの科学・技術的な実務にたずさわるこの研究センターは、売電によってサポートされるコロラド川貯水プロジェクト基金によって運営されている。

さらに、順応的管理における科学的・技術的な事項をとりあつかうために、これとは別に「テクニカル・ワーク・グループ」が組織されている。これは、ワーク・グループにメンバーをおくっている機関や組織の科学技術にかんする代表者からなり、ワーク・グループの政策や目標などを科学的、技術的な視点から具体化し、調査・研究計画などを研究センターに提案するという役割を担っている。

さらに、テクニカル・グループとは別の科学者のグループである、独立レビュー・パネルが組織されているが、それは、順応的管理プログラムにおいて提案される研究計画やプログラム、技術的な報告、出版物およびその他の成果について、科学的な立場から評価（ピア・レビュー）を行う役割を担っている。

サケとフクロウのための生態系管理

北アメリカでは、東海岸においても西海岸においてもサケの減少がいちじるしい。すでに述べたように、「サケかダムか」という論争においてはサケのほうに軍配があがり、河川管理政策に大きな転換がもたらされつつある。河川と森林は生態系として密接なつながりをもっているため、一体的に管理される必要があることも、今では常識となっている。健全な河川生態系は健全な森林生態系によって保障され、またそれは、沿岸生態系の健全性を維持するための条件ともなるという考え方である。今では、サケの生息環境としての河川生態系や沿岸生態系の健全性を保障することを強く意識し、森林をふくめた流域管理が実践されるようになっている。

そのような流域管理の一つが、アメリカ合衆国太平洋岸の北西森林地帯において一九九四年から実施されている、フクロウとサケを指標種とした順応的生態系管理プログラムである。

二〇世紀の前半までは、多くの老齢林を擁し、在来のサケが豊富に生息していたこの地域も、二〇世紀の後半になるとすっかり様変わりしてしまっている。ほとんどの森林が若齢林となって老齢林は姿を消し、流域環境全体の悪化の影響をうけて、サケ科の魚の多くが絶滅危惧種となってしまっている。

オレゴン州を中心に、ワシントン州とカリフォルニア州を一部ふくむ地域には、オレゴン州のウラミテ川流域の一一万三〇〇〇ヘクタールの管理地域をはじめとして、「順応的管理地域」が一〇ヶ所設けられている。いずれも、絶滅危惧種であるフクロウに代表される老齢林と、サケに代表される河川および河畔植生の保全管理がめざされている。そこでは、フクロウとサケが、管理の操作的な目標や効果のモニタリングにおける重要な指標としてとりあげられている。

フクロウが象徴としてふさわしいのは、ダグラストガサワラ（ダグラスファー）の老齢林にしか棲

オレゴン州ウラミテ川流域にひろがるダグラストガサワラの森。

めないからである。夏の暑さに弱く、暑くなると次第に木の下のほうへ移動し、我慢できなくなると水の中にはいることもあるというほど暑がりのこのフクロウは、若齢林では生きることができない。また、ムササビなどの森の動物を餌とし、一羽一羽が相当広範囲のテリトリーを必要とするため、まとまった面積のダグラストガサワラ林があってはじめて生息が可能となる。

ダグラストガサワラ林は、苔むした林床にリンネソウやマイヅルソウ、オオウメガサソウが咲き、低木層にはシャクナゲが多くみられる日本のシラビソ林に似た景観をもっている。そのような老齢木の森の奥深くに棲むフクロウを絶滅させないようにするには、どうしたらよいのか。さかんに調査が行われ、モデルをもちいた検討がなされながら、森林管理のあり方が模索されている。

サケの保全がもたらす地域経済への効果

生態系管理によるサケの保全に流域をあげてとりくむようになった背景には、地域経済への効果が認められるようになったことがあげられよう。自然を保全することで生みだされる観光などの「サービス」のはたす価値や役割が、地域の経済にとっても非常に大きいものであるとわかったのである。

例えば、カスケード山脈の東側のコロンビア川流域の国有地は、北西森林地帯の代表的な地域である。そこから生みだされる財や価値の一九九七年における推計割合は、材木生産がわずか一一パーセントであるのに対して、観光・サービスは八九パーセントにものぼる。さらに、道路の通じていない原生的な森林の存在価値についても経済的な評価が行われたが、人々は、当該地域の財とサービスをあわせたのと同じていどの経済的な価値を、その存在に認めていることがわかった。

現在では、オレゴン州の私有や公有の森林の面積の一五〜四五パーセントにおいて、サケの生息環境をまもるための伐採制限が提案されている。そのことにより、職を失うと予想される林業関係の労働者は三五〇〇人から一万八五〇〇人である。しかし、地域の経済的な損失はもたらされないだろうとみこまれている。というのも、オレゴン州では一九九〇年代には、サービス産業を中心に毎年五万二〇〇〇人の新たな雇用が生みだされており、一九八〇年代〜九〇年代の林業の衰退による失業者を吸収してもあまりあると考えられているからである。多くのサケが生息する豊かな川が蘇ることにより、レクリエーションという視点からの地域の魅力がいっそう増し、サービス産業はさらに発展するであろうと予測されている。

牧草地の生態系管理

これまで述べてきたのは、河川流域などの比較的大きなスケールでの生態系管理であるが、農地や牧草地などの農業生態系の管理においても、生態系管理の思想をとりいれた管理がなされるようになってきた。

テキサス州コレマン郡にあるフォード大牧場では、三万二〇〇〇エーカーもの広大な牧草地において伝統的な牧草地管理プログラムをとりいれることにより、土地を疲弊させないような牧草地管理を試みている。それは、家畜をいれない牧草地をつねに二万七〇〇〇エーカー以上確保するという方法である。

この方法をとりいれることになったきっかけは、雑草のウチワサボテンの侵入によって生産性が八五パーセントも低下してしまったことであった。野焼きや除草剤で駆除を試みたが、それには一エーカーあたり九ドルのコストがかかるため、それでは経営がなりたたないという。

新しい牧草地管理プログラムを実施すると、放牧を休んでいる牧草地では牧草の密度が高くなる。すると、ウチワサボテンを食害するコチニールカイガラムシの生息に適した環境が用意されるため、ウチワサボテンが急速に減少する。このカイガラムシは、ウチワサボテンを食べるだけでなく、食害によってできる傷から病原性のカビがはいって病気を蔓延《まんえん》させるため、ウチワサボテンを衰退させる効果は抜群であるという。

「協働」による問題解決の道

生態系管理が、関係する人々の協働なしに実行することが不可能なことは、ここまでに記してきたことからも明らかであろう。さらに広く、むずかしい環境の問題を解決するためには、新しいかたちでの人々の協働が欠かせないことが広く認識されるようになっている。一九八〇年代からは、そのような認識のもとにさまざまな実践がはじまっている。

協働による環境問題解決の新しいシステムとその活動は、生態系管理のほかに、「協働的管理」「公民パートナーシップ」「共同体に根づいた環境保護」「市民環境主義」などのさまざまな名称のもとに、多様な課題を対象としてすすめられている。絶滅危惧種の保護などは、地域に根ざした新しいかたちの人々の協働によってはじめて可能になる。最近では、連邦機関の職員が積極的にそのような協働におけるリーダーシップを担うことが少なくないという。

では、なぜ生態系管理においては、そのような協働が欠かせないのであろうか。ヤフィーとウォンドレックは、次のような理由をあげている。

(1)多くの生態系、ランドスケープが地理的にも行政機構的にも、また土地の所有形態のうえでも分断化されている現状では、生態系管理においては、それらの境界をまたいだ協働が欠かせない。

(2)多様な意見をもつ関係者が、そのちがいを創造的に調整し、意思決定を行うためには、協働が唯一の手法となる。

(3)共通する関心事およびそれぞれの関心事について理解しあうことにより、情報を共有したうえでの「両勝ち」の解決が可能となる。勧告、訴訟、規制などのかたちをとると、一方は勝ち組、他方は負け組となるような解決しか得られない。

(4)決定されたことを無理なく実施することができる。

インターネットで検索してみても、現在では実にさまざまなタイプの協働による生態系管理の活動が実践されていることがわかるが、その一つが、キャメロン郡農業共生委員会の活動である。南テキサスで成果をあげているこの委員会は、一九八〇年代に地域の農民、政府機関および環境保護活動家によってつくられた相互利益のための連帯組織である。そこでは、ラグナ・アタスコサ国立野生生物保護区に生息する絶滅危惧種の保護が係争点をふくむ課題となっている。合衆国環境保護局は、一九八八年に農薬が絶滅危惧種におよぼす影響を調べはじめた。同じころ、魚類野生生物機関がオナガハヤブサの保護区への再導入をはかろうとしていた。魚類野生生物機関と合衆国環境保護局の協議にもとづき、合衆国環境保護局は、保護区のまわりに存在しているかんきつ類や綿などの農場において、農薬使用を相当ていど控えることを提案した。

害虫の被害の大きい綿の生産は農薬によってなりたっていたため、農薬使用の規制にかんして、農民たちは猛烈に反発した。しかし、農民たちは裁判で争うことを望まなかった。そして、異なる解決策をもとめて農民たちがつくったのが、キャメロン郡農業共生委員会である。そこに、関連する政府機関や州の野生生物保護部局、環境団体などがくわわり、農業と絶滅危惧種の保護の両立をはかるための協働がはじめられ、オナガハヤブサにはほとんど影響をあたえることなく農業上は効果のある農薬の使用量が模索された。農薬の使用量を相当おさえても農業上の問題が生じることがないことがわかり、現在では農民たちは自発的に農薬使用量を減少させて、オナガハヤブサの保護にとりくんでいるという。

第七章

生態系をどう復元するか

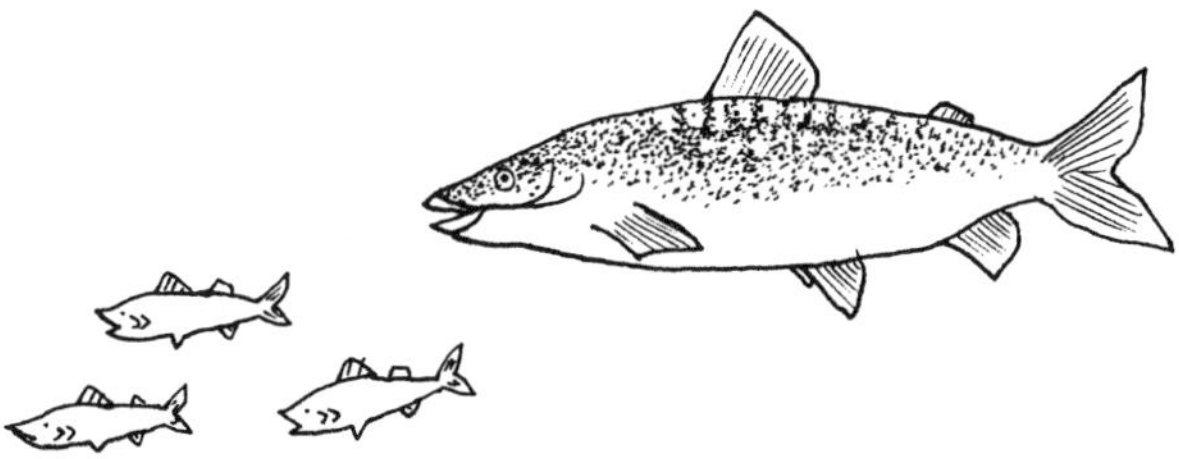

ニジマスの稚魚と成魚

消えたプレーリー

北アメリカにひろがる肥沃な大草原プレーリー。しかし、今ではもはや、すでにその本来の姿と生物多様性の大半を開発によって失った生態系でしかない。例えばアイオワ州には、かつて二万五〇〇〇平方キロメートルにわたってプレーリーがひろがっていたが、ほぼその全体が農地・牧草地として開発されつくし、原生的な状態が残されているのは、かつての面積の二万五〇〇〇分の一、つまり、わずか一平方キロメートルにすぎない。そこには、プレーリー本来の植物がわずかに残存しているが、あまりにも厳しい孤立状態におかれているため、花粉を運ぶ昆虫がまったく訪れない。その結果、実を結び、種子を生産して繁殖する可能性が完全に閉ざされてしまっている。

そんなプレーリーの自然を小規模とはいえ回復させようという努力が、すでに七〇年以上にわたって続けられている場所がある。著名な植物生態学者のジョン・T・カーチスの名を冠する「カーチス・プレーリー」である。そこでは、自然復元のプロジェクトの先駆けともいえる、ウィスコンシン大学のプレーリー植生復元プロジェクトが実施されている。

そこは、一九世紀中ごろまではプレーリーであったが、開発されて農地や放牧地として利用された後に放棄されていた場所である。わずか六〇エーカーのその土地を、ウィスコンシン大学が敷地の一部として購入したのは一九三〇年のことである。当時、すでに土壌はふみかためられてしまっており、場所によっては土壌侵食が激しく、灌木が藪をなすかアザミ類が繁茂しているだけだったという。当時、野生生物生態学講座の教授であったアルド・レオポルドは、そこにプレーリーを復元しようという二人の植物学者の提案をうけいれ、プレーリー生態学の第一人者であったセオドル・スペリーに復元計画の指導を依頼した。

プレーリーのかけらからの復元

スペリーの指示に従い、まず、野焼きによって灌木やアザミの優占する植生が破壊された。また、土壌侵食を防ぐために農地として開発されたさいにつくられた排水路をふさぎ、かつての排水パターンを回復させた。そのようにして整備された土地に、まだわずかながらプレーリーらしい植生が残されていた南ウィスコンシンの草原からボランティアたちが集めた材料をつかって、種子をまき、挿し木をした。残念ながら、最初に植えた植物は、そのほとんどが枯れてしまったというが、そうした復元の努力を粘り強く継続したところ、一九三八年には、根づいて成長したプレーリーの植物が開花するまでになったという。そのとき、復元にどのくらい時間がかかるかと新聞記者に訊ねられたスペリーは、「およそ千年」と答えたという。

以来、プレーリーの自然条件を模して、一～三年に一度の野焼きがなされ、復元された状態を維持するための外来種の選択的除去が定期的に行われている。何十年にもわたる関係者の努力と手厚い管理によって、孤立した小さなカーチス・プレーリーにも、ようやくプレーリーらしい景色がみられるようになったという。

復元において、あるていど自立的に維持できる生態系をめざそうとするならば、かなり広大な土地を対象にしなければならない。開発による破壊は一瞬の出来事だが、それを回復させるのには、途方もなく長い時間がかかるだけでなく、いくら努力しても戻らないものもあるのだということを、このプレーリーの復元事業は教えてくれる。

プレーリーのかけらともいえるミニチュアの自然を維持するための人々の努力は、これからも営々と続けられていくであろう。それをやめてしまえば、かつての雄大なプレーリーの自然の名残りも、わずかに絶滅を免れたプレーリーの植物も、後世の人々に伝えることができなくなるからである。

失われた生態系をとり戻せるのか

健全な生態系とは、適切な生産性などの機能を通じて、私たちの生活や生産を支える自然の恵みを過不足なく提供することのできる生態系であり、そのような機能が損なわれた生態系が不健全な生態系であるということを、第五章では述べた。地域に存在している生態系というのは、把握しつくすことのできないほど多様な要素と関係性をふくむ複雑なシステムである一方で、歴史性をもつ存在でもある。しかし、私たちのまわりには、人間活動の影響によってすでにいくつもの要素を失ったり、重要な関係性を損なわれた不健全な生態系が数多く存在している。

健全性やその主要な要素を失った生態系を、ふたたび豊かな恵みをあたえてくれる生態系へと復元させることは、どのていど可能なのであろうか。そのような問いには、条件によっては可能であるし、それがむずかしいこともある、と答えるしか今のところないであろう。

プレーリー復元の試みについて、その一端を紹介したように、北アメリカではすでに多くの生態系復元プロジェクトが実施されている。それらは、はじめから長い時間と多大な労力を必要とすることを前提とし、一種の実験としてすすめられているものである。復元とは、モニタリングの結果を新しい計画に適切にフィードバックさせながら、慎重に少しずつすすめていくべき事業なのである。自然を意のままに創造することなど不可能なことは、第三章で述べたとおりである。

あまりに劣化が激しい生態系、すでに重要な要素の多くを失ってしまった生態系では、もとの状態に近づけるという意味での復元すらむずかしい。生物多様性や生態系の機能が回復不可能なまでに失われ、生態系を構成する生物要素のほとんどが外来種になってしまったような場合には、生態学の知識を活用して、現状よりも少しでも望ましい機能を発揮できるように機能回復をはかることが、健全性を向上させる実行可能な唯一の方法となるだろう。

ミシガン湖の冒険

北アメリカの五大湖では、それぞれの生態系の現況によって、異なる生態系修復の対策がたてられている。

五大湖のうち三番目の大きさのミシガン湖は、面積五万八〇〇〇平方キロメートル、最大水深二八〇メートルである。チペワ・インディアン語で「大きな湖」を意味するこの湖の南西岸部には、シカゴ、ミルウォーキーなどの大港湾・工業都市がつらなり、五大湖水運における要地ともなっている。そのため、一九〇〇年代になると生態系としての健全性を失い、一九六〇年代にはすでに、その魚類相を崩壊させてしまっている。そして湖には、大型魚に寄生する海産のヤツメウナギのほか、プランクトン食のエールワイフ（スズキ科）が侵入して、養魚場のような状態となった。

エールワイフの駆逐をめざして、そのころから外来のサケ科の魚種が次々に導入されはじめた。ギンザケ、マスノスケ、ニジマス、ブラウントラウトなどである。名目上の導入目的は、スポーツ・フィッシングのためであったが、ミシガン湖の管理者は、湖を巨大な釣り堀にしようとしたわけではない。魚類の捕食—被食関係のバランスをとり戻すことを狙い、エールワイフの捕食者となるような魚種を次々に導入したのである。やがてエールワイフが衰退したことによって、かろうじて存続していた在来のプランクトン食の魚類の個体群が回復しはじめたと報告されている。

しかしながら、生態的プロセスを維持あるいは回復させるために外来生物を導入する手法は、著しく劣化のすすんだ生態系において、しかも、とりうる手段が他にまったくないときにのみ許されるものであろう。外来種をもちいた機能回復の手法は、健全な生態系を部分的にでも回復させるために、生物多様性の保全という目標を犠牲にするものだからである。

五大湖の多くの湖は、現在では、生態系としては極度に不安定で生物学的な侵入をうけやすい状態に陥っているとされる。生態系の崩壊のもっともいちじるしい湖で現在目標とされているのは、在来魚種と外来魚種の両方にたよりつつ、自律的で持続的、自己再生産の可能な生態系を新たに回復させることであるという。すでに、生態系の復元を不可能にするような不可逆的で重大な変化、すなわち、主要な在来魚種の絶滅にくわえて、エールワイフ、レインボウスメルト（キュウリウオ類）、ゼブライガイなどの生物学的侵入が起こってしまっているからである。

五大湖の中で、その生物多様性があまりにいちじるしく損なわれてしまった湖では、生態系の復元はすでに不可能であり、唯一可能なのは部分的な機能回復だけである。しかし、五大湖の一つスペリオル湖では、生態系劣化がそれほどまでにはすすんでおらず、今でも十分に復元が目標になりうると考えられている。

フランス語の「上の湖」に由来する名称をもつスペリオル湖は、五大湖の最北端の湖である。面積八万二三六〇平方キロメートル、最大水深四〇六メートルという世界最大の淡水湖であり、米国とカナダとの国境に横たわり、東端のセント・メアリーズ川と運河でヒューロン湖につながっている。湖岸には大きな都市はなく、周辺には森林地帯がひろがり、一大レクリエーション地帯となっている。いまだに漁業もさかんである。この湖では外来種の導入をひかえ、在来種だけから構成される生態系を復元することがめざされている。生物多様性の保全と生態的な健全性の両方をたもつことが、この湖では十分に実現可能な目標だからである。

完全な復元はありえないのか

生態系は、ある空間（地域）に生きるすべての生物と、それらにとっての環境の要素からなる複雑なシステムである。一般に、システムはたんなる要素の集合ではなく、要素間の関係によって、その状態、性質、動態などが決まる「要素と関係の集合」である。

地域の生態系で生活するいかなる生物も、孤立しているものはなく、さまざまな無生物的な環境要素の影響を複合的にうけている。その一方で、食べる―食べられるの関係をはじめ、種子植物とその花粉を媒介する送粉動物のあいだにみられる関係のような共生的関係、あるいは寄生や競争などの拮抗的な生物間相互作用を介して他の種とかかわりあっている。そのような関係は、生態系の中で網の目のように複雑に絡まりあいながらひろがる。しかも、現実の生態系にみられるように、環境の異質性が高まれば要素の多様性は増大し、それにおうじて要素間の関係の多様性はさらに飛躍的に増大する。そのような複雑なシステムとしての生態系は、必然性と偶然性のおりなす歴史の産物であり、完全に同じものを再生することは原理的に不可能である。

したがって、復元といえども、本来の生態系の要素や機能のうち、その生態系を特徴づける主要なものを部分的に回復させる、というかなり限定されたものにならざるをえない。生態系の復元を定義するならば、「生態系が損なわれる以前の状態と近似した状態に復帰させること」ということになるであろう。また、そのような限界性を意識する場合には、復元（レストレーション）よりも、機能回復あるいは機能修復（リハビリテーション）の語をもちいるほうが適切であろう。

右で定義したような意味での復元が可能な生態系であれば、復元に最大限の努力をそそぐことが望ましい。それは、第三章で述べたように、長い年月にわたる進化と歴史によって試されてきた生態系は、かぎられた情報をもとにヒトがデザインする生態系にくらべれば、機能においても、動的な安定性においても、健全性という視点からみても格段に優れているからである。

さらに、生物多様性の保全のためには、これまで進化によって生みだされた価値と今後の進化の可能性の両方を保障することが重要な目標となるので、絶滅によって種が永遠に失われるようなことだけは、ぜひとも回避しなければならない。

手段としての復元

いったん損なわれた生態系における望ましい機能の修復には、生態系の健全性をとり戻すという意義にくわえて、生物多様性の保全に寄与する効果も期待できる。生物多様性や生態系は、ひとたび失われてしまえば、その歴史性までふくめて完全に復元することができないことは、前に述べた。したがって、生態学的な復元を、保全上重要な生態系や、現にそこに存在する生物多様性の保全や管理の手段とすることは適切ではない。

しかし、生態系の主要な要素を再生させ、その機能を模倣することは、すでに述べたように、原理的にも技術的にも可能である。生態系や生物多様性の保全への配慮が、かならずしも十分とはいえなかった時代に大きく損なわれた生態系と生物多様性を回復させるためには、そのような復元が有効なことがある。

日本列島の生活域の自然においては、つい最近まで野草や淡水魚はごくありふれた存在であった。

それが、今では絶滅危惧種に指定されるほど、自然の喪失・変質が深く進行している。絶滅によって復元という目標が意味をなさなくなる前に、地域ごとの修復・復元に本格的にとりくむ必要があるのではないだろうか。

生物多様性の保全に寄与する復元とは、絶滅が危惧される種の、地域個体群の存続可能性を高めるのに役だつ復元であるということができるであろう。一般に、生物の個体群の存続可能性は、個体群の大きさ（個体数）に大きく依存する。個体群の大きさを制限している環境容量の制約を緩和するためには、生息・生育空間や環境条件の復元のもつ意義は大きい。すなわち、絶滅が危惧される種については、その存続性がある程度保障されるだけの個体数にまで個体群の回復をはからなければならないが、生息・生育場所の喪失・変質が個体群衰退の原因となっている場合には、個体数の回復をはかる前に、その条件の復元が必要となるということである。

保全の対象となる種の絶滅確率をひきさげるのに必要な個体数のみつもりができたら、次には、それだけの個体数を収容しうる環境容量を確保する手だてを考えることが必要である。環境容量を存続可能な個体数にみあうものにまで回復させるには、生態系の復元が唯一の手段となるであろう。

しかも、指標となるような種の存続可能性を保障するだけの環境容量を確保することができれば、それによって、他の多数の種の個体数を確保する条件をとりもどすという効果も期待できる。その一方で、健全な生態系と生物多様性はたがいに他方の存在を前提とする密接な関係にあるため、指標となる種を適切に選択し、その存続可能性を十分に確保することは、生態系の機能にかかわる種のネットワークの再構成に寄与し、健全な生態系を再生させるための重要な核ともなるはずである。

むずかしさとその克服

これまで、湿原などで生態系の復元・機能回復の事業が数多く実施されてきたアメリカ合衆国の経験によれば、生態系の復元・機能回復は時に膨大なコストを要するだけでなく、満足のいく成功をおさめることは容易ではないとされている。

フロリダのエバーグレイズ湿原においては、これまで数多くの復元の事業が実施されている。その成果のレビューにおいては、水文条件の回復はかならずしも予想されるほどには容易ではなく、経済的なコストも大きく、いったん定着してしまった移入種の除去はきわめて困難であるという。また、優先すべき課題についての利害関係者のあいだでの合意形成も容易ではないなど、さまざまな問題点が指摘されている。

費用とプロジェクトにようする時間も相当なもので、例えば、一〇年から一五年はかかるとされるキスミー川九〇キロの再生プロジェクトに投資される費用は、三七億ドルにのぼるという。森林や草原の再生には、その場所の土壌や現在成立している植生などの条件にもよるが、ふつう、数十年から一世紀にもおよぶ長い年月が必要とされている。

外来種の排除は、復元・修復における中心的な課題といえよう。これまでの経験から、復元事業の成功および回復までの時間の短縮のためには、外来種排除のための「地拵《じごしら》え」を徹底して実施する必要があることが明らかにされている。

わが国では、外来種が生態系におよぼす影響には関心が薄く、安易な外来牧草をもちいた斜面緑化などが広範に実施されており、そこがシードソースとなって、外来牧草が河原などにも蔓延しやすい条件がつくられている。地拵え以前の問題として、外来種の蔓延をもたらすような生物利用のあり方をみなおすことなしには、生態系の復元・機能回復にとりくむことすらむずかしい。

生態系の崩壊は、どのような場合においても、人と自然の関係の崩壊と密接に結びついてひき起こされるものである。したがって、生態系の復元においては、人と自然との関係をみなおすことを中心にすえ、技術的なことと同時に、社会的、文化的、倫理的な側面も重視しなければならない。

復元の計画には、そうしたさまざまな側面のいずれもが十分に配慮されなくてはならない。そのためには、あまりにも多くの問題ととりくまなくてはならないので、生態系の修復・復元は、非常に大がかりでしかも困難な事業にならざるをえない。そこでのむずかしさは、①問題の複雑な相互連関性、②不確実性、③定義の曖昧《あいまい》さ、④合意形成のむずかしさ、⑤社会的制約、などによるものであるとされる。

それらの困難な問題をのり越えるためには、順応的管理の手法にたよらざるをえない。順応的管理は、⑴不確実な情報を扱い、⑵部分的にしか明らかにされていないプロセスにかんするデータを活用し、⑶予期できないことがなるべく起きないように目標を設定することが必要な事業において、現在考えうる最善の手法だからである。

第八章

生態系を蘇らせる「協働」

アサザの花を訪れるイチモンジセセリ

新時代到来の予兆

二〇〇〇年（平成一二）一〇月初旬、日本列島の今後の生態系の保全を考えるうえで歓迎すべき画期的な出来事が起こった。

これまでの日本では、国の事業というものは、いったんはじまると、たとえそれが自然環境を大きく損なうことが強く疑われたとしても、途中で軌道修正されることはほとんどなかった。行政が順応的にふるまうこと、つまりいったんはじまった事業を柔軟に軌道修正することを保障する仕組みがないし、自然環境への配慮を、経済的な効果や利便性などと同じていどあるいはそれ以上に重視するという、「健全な生態系」への意識も社会全体として希薄だったからだ。しかし、行政も変わりうる、あるいは変わりつつあるということ、または「健全な生態系」が社会における価値判断の重要な基準になってきたということを明瞭に示したのが、茨城県の霞ヶ浦をめぐって起きた出来事である。

その出来事とは、建設省（現在の国土交通省）の河川局と水資源開発公団が、水草アサザをふくむ植生保全の緊急対策を霞ヶ浦で実施すると発表したことである。その内容は、コンクリート護岸の完成以来実施してきた、冬季に水位をあげる水位操作を、少なくとも緊急対策実施中には中断するという内容をふくむものであった。それは、急速に衰退しつつある水草の絶滅を未然に防ぎ、霞ヶ浦の水辺の植生の回復をはかるための処置である。そうした水位操作が、冬場の乾燥した日本列島太平洋側の気候にマッチした自然の水位変動とかけはなれていたため、アサザをはじめとする水辺の植生の急速な衰退をもたらしていることは以前から疑われていた。ここ数年のあいだの植生の衰退がいちじるしいことから、「霞ヶ浦アサザ・プロジェクト〜湖と森と人を結ぶ霞ヶ浦再生事業」を担う市民団体（代表、飯島博氏）は、そのような水位操作の中止を強くもとめる要望をだしていた。それに積極的におうじたのが、今回の意思決定だったのである。

それを「画期的」と評価する理由は、次のとおりである。

第一に、わが国でおそらくはじめて、生態系の保全にかんして行政が順応的にふるまいはじめたということを明瞭に示す出来事だからということである。

第二に、やはりおそらくわが国の行政では、はじめて「予防原理」にもとづく意思決定が行われたということである。この意思決定は、水位操作が植生衰退の原因として「疑われる」という段階で行われた。したがって、それは予防原理にもとづく決定である。生態系や環境を保全していくうえでは、不確実なことに対しては安全側の判断を重視し、慎重に対処するという「予防原理」にもとづくふるまいが欠かせない。

しかし、これまでは、予防原理どころか、それとは逆に、自然環境への影響にかんしては、影響を申したてる側に重い立証責任が課され、相当疑わしい影響が認められる場合においてもみなおしを行わず、事業を強行することのほうがふつうであった。

第三に、霞ヶ浦で数年前からはじまった、生態系の管理・回復にかんする民・官・学の協働が、さらにより広い主体をまきこむ真の協働として発展しうる条件が整えられたことである。

この章では、霞ヶ浦で着実にスタートを切ったといえる「健全な生態系を蘇らせるための協働」について、その背景、これまでのとりくみ、今後のみとおしなどについて簡単に紹介してみよう。

汚れた湖の代名詞としての霞ヶ浦

霞ヶ浦は、琵琶湖についいで国内で二番目に大きな面積をもつ湖である。砂州の発達によって海の一部が閉じこめられてできた海跡湖である霞ヶ浦は、流域の最下流部に位置し、水深も平均四メートルていどと浅い。したがって、栄養塩類を集積しやすく、内陸湖である琵琶湖とはくらべものにならないほど、富栄養化がすすみやすい条件をもった湖である。

しかし、そのことは一方では高い生物生産性をもたらす要因でもあり、奈良時代以来つづいてきたワカサギ漁に代表されるように、霞ヶ浦は人々に豊かな自然の恵みをあたえてきた湖であった。湖岸の緑を背景に青い湖面がひろがり、そこに帆引き舟が、風をはらんだ白い帆で優雅な曲線を描きながら浮かぶ、という懐かしい風景は、湖における漁労の営みがつくりだしたものであった。

しかし、今では霞ヶ浦は、水質汚染のすすんだ湖として全国に悪名を馳せている。水質汚染と富栄養化は、流域の開発がすすんで汚水の負荷が増大したことが主な原因とされる。それにくわえて、水資源開発のために湖岸全域に築造されたコンクリート護岸が、水辺の植生帯を壊滅に近いまでに破壊し、湖沼の生態系と陸域生態系とのあいだの移行帯を破壊したことも、汚染のいっそうの深刻化をもたらしていると考えられる。

水辺には、本来、水と陸の異質な生態系をゆるやかにつなぐ「移行帯」がみられるものである。そこには、水深や水文条件に応じて異なる水草が分布する水草帯と、陸側のヨシやマコモが生育するヨシ帯などからなる植生帯が成立し、湖沼の生態系の安定性や健全性を決めるうえできわめて重要な空間をつくっている。移行帯は、物質やエネルギーや生物が、水から陸へ、あるいは陸から水へと移動するさいにとおる通路であると同時に関門でもある。つまり、陸の生態系と湖沼生態系とのあいだの出入りを制御しているのである。植生帯は、湖沼をやさしく包みこみ、その健康をまもる衣のようなものであるということもできる。

湖はなぜ汚れるのか

植生帯の喪失による浄化機能の低下と富栄養化は、現在、霞ヶ浦だけでなく、世界中の湖沼における重大な問題となっている。汚水や、農業でもちいられる肥料、あるいは流域での土壌侵食に由来する栄養塩が流入し、特にリンが異常に増加して富栄養化がすすんでいる湖沼が増えている。それは、制御の容易な「パイプの末端」、すなわち流入河川や下水からの流入よりはむしろ、農地や市街地からの拡散、すなわち「面源汚染」の増大による寄与が大きいと考えられている。

栄養塩をふくむ土壌粒子が、表層水とともに水系に流れこむのが面源汚染であるが、このタイプの汚染は、水辺に植生が残されていれば、かなりのところまで防ぐことができる。さまざまなタイプの開発によって水辺から植生帯や湿地帯が失われたことが、河川や湖沼を面源汚染に対してきわめて無防備な状態にしてしまったといわれている。

移行帯の喪失とともに、水から陸へと過剰な栄養を戻す機能を担っていた生物間相互作用のネットワークが失われたことも、汚染の拡大に関与していると思われる。水草が水から栄養塩を吸収して成長し、その水草を虫が食べ、その虫あるいは直接水草を鳥が食べて、その鳥が陸で糞をしたり他の鳥獣の餌になる、といったありふれた生き物の営みの連鎖が失われてしまったのである。流域の開発により流入する汚水の負荷が増したこととあいまって、自浄作用を担う生物のネットワークが失われたことにより、湖沼の富栄養化や水質の悪化には、いっそうの拍車がかかるようになった。

移行帯を失った湖沼は、自浄作用を大きく損なっているため、悪化した水質はハイテク技術による浄化をもってしてもなかなか改善しない。過剰な栄養塩やその組成の変化は、プランクトン群集を変化させ、新たなタイプの水の華（特定の藻類の大発生）を発生させる。その結果、水は異様な臭気を帯び、ヒトの健康にも影響をおよぼしかねない有毒物質が生産されるため、利水に障害が生じることもある。水中での出来事には気づきにくいが、現在では、プランクトンから魚類まで、生物相にも大きな変化が生じていると考えなければならない。

いずれにしても、移行帯という衣をはがれた今の湖沼は、健全な湖の生態系ならば当然あたえてくれるであろう、安全な水、豊富な魚、快適な湖水浴、自然観察、水辺での憩いなどの、多様な自然の恵みを提供することがもはやできない。それは霞ヶ浦だけでなく、おそらく日本全国、さらには世界中の湖沼の問題でもあるだろう。

水質汚濁が顕在化した一九七〇年代以来、霞ヶ浦では水質改善をめざして、富栄養化防止条例の施行、流域下水道の整備など、いくつもの対策が実施されてきた。しかし、水質汚染は改善のきざしをみせず、むしろ深刻化の様相をていしている。一九七〇年代と比較すれば若干の改善をみせていた水質も、しばらく前からは頭うちとなり、いまだ環境基準値をクリアできない。

しかも最近では、従来の環境基準の枠組ではかりきれない、深刻な汚染の進行も危惧されている。女性ホルモン（ヒトあるいはブタのホルモンが疑われている）の濃度が高くなっており、ある疫学《えきがく》的報告によれば、霞ヶ浦の水を水道水として利用している地域では、男子出生率が統計的に有意に低下しているというのである。アオコ毒への危惧も払拭されず、霞ヶ浦に水道水をもとめている地域では、水質に対する不安はつのる一方である。

アサザの花（写真提供：アサザ基金）

水草アサザはなぜ消えたのか

アサザは、ユーラシア大陸全体に広く分布する浮葉植物である。少し前までは、北海道から九州にいたる日本各地の湖沼やため池、水路などにごくふつうにみられた水草であった。

今日、コンクリート護岸や水質悪化などの影響をうけて、日本列島に自生する水草の三分の一が絶滅危惧種となっているが、アサザもその例にもれず、レッドリストには絶滅危惧Ⅱ類として掲載されている。しばらく前までは霞ヶ浦にもいくつもの群落が残されていたが、全国的な衰退がいちじるしい。

アサザは、異型花柱性というめずらしい繁殖システムをもつ植物である。その花は、雌雄両方の繁殖器官をあわせもつ両性花であるが、動物の個体が雌雄にわかれているように、個体によって二つの異なる性にわかれているといってもよい。それは、長花柱型と短花柱型である。長花柱型の個体が咲かせる花は、柱頭が高く葯が低い位置にあり、短花柱型は、それとはちょうど逆の位置に柱頭と葯をつけ、花を咲かせる。長花柱型と短花柱型の花のあいだで授粉が起これば、健全な種子が生産される。しかし、今の霞ヶ浦に残されているアサザ群落は、いずれか一方の花型しかもたない単型の群落ばかりであり、すでに健全な有性生殖ができなくなっている。一九九五年ごろまでは、両型をふくむ群落がいくつかあり、そこでは多くの種子が生産されていた。ところが冬季に水位を高くする水位操作が強化されると、アサザはいっそう急速に衰退し、いくつもの群落が消失したのである。

アサザの生活史を知る

アサザは六月ごろから一〇月ごろまでの夏から秋にかけて、悪天候でなければ、キュウリの花にも似た黄色い花を次々に咲かせる。実った果実はやがて割け、中からいくつもの黒くて扁平《へんぺい》な種子を放出する。種子は水に浮きやすく、水面を漂っているうちに岸辺にうちあげられるが、岸辺にうちあげられたものだけが春に発芽する。というのも、冬の低温を経験した種子は、春先の露出した裸地の地表面に特有な温度の日較差にさらされることによってはじめて、休眠から覚めて発芽するという生理的な性質をもっているからである。水面に浮いている種子や水底に沈んだ種子が発芽することはなく、春までに岸辺にうちあげられた種子だけが発芽するのである。

親が陸で、子ども時代は水中で暮らすカエルとは逆に、アサザは陸でしばらく成長してから水の中にはいり、浮葉植物としての生活をはじめる。もちろん、陸から水へとアサザの芽生えが自分の

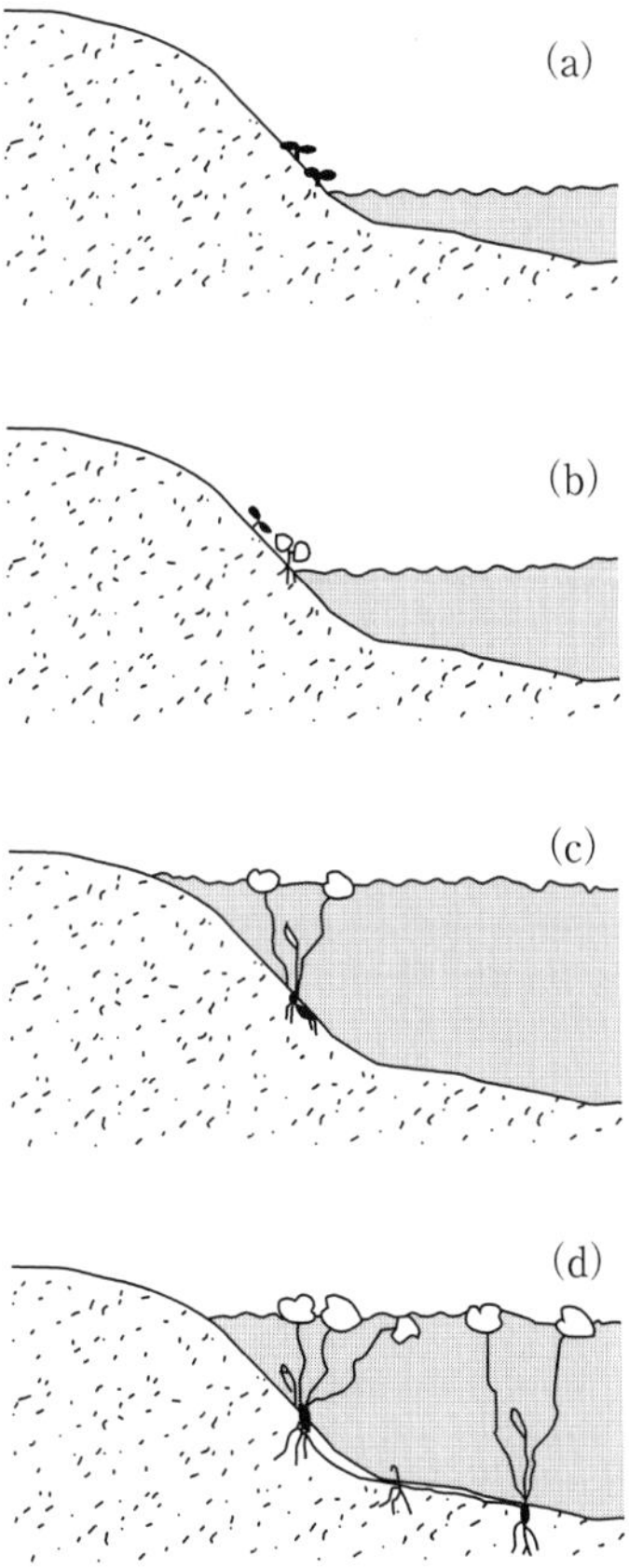

アサザの実生の定着・成長と水位の季節変動。 春の初めには湖の水位が低く、湖岸近くの浅い湖底が露出している。アサザはそこで発芽し(a)、夏にかけての水位の上昇にともなって水に沈んでいく(b)。水没後は葉柄を急激に伸張させて水面に葉をひろげながら(c、d)、成長していく（鷲谷・飯島〈1999〉より）。

力で移動することはできない。そのためには、アサザの芽生えがあるていどまで岸辺で成長したころに、季節的な水位変動による自然の水位上昇が起こる必要がある。つまり、春先には岸辺に露出していたアサザの発芽に適した裸地が、梅雨時の自然の水位上昇におうじて、ふたたび水面下に沈むのである。それによって、水の中に浸かると葉柄が急速にのびるという性質をもつアサザは、次第に上昇していく水面に遅れることなく葉柄をのばしつづけ、常に水面に葉を浮かしながら成長していくことができるのである。

ところが、コンクリート護岸で囲まれてしまった霞ヶ浦では、そのような自然の更新のための条件が失われてしまっている。

まず、アサザの種子がうちあげられて発芽できるような、ゆるやかな勾配をもつ砂地の水辺がわずかしか残されていない。また、残されている水辺でも、春先の水位が高く、その後に低下するような水位操作が行なわれているため、発芽や実生の定着はきわめて困難になっている。

現在の霞ヶ浦でアサザの芽生えがみられるのは、水辺の植生があるていど残されており、多少の砂浜が残されているごく一握りの場所だけである。しかし、増水した春さきの湖の水辺では、発芽は、夏の水際線よりもずっと陸よりのヨシ原の中でしかみられない。これでは、春先の突発的な水位上昇による死亡の危険が大きいだけでなく、ヨシの成長によって地表面が暗くなるヨシ原の中では、たとえ芽生えたとしても、光が届かないため成長できない。アサザは、光要求性の大きい植物だからである。いずれにしても、実生のほとんどは初夏までに死んでしまうであろう。

アサザの生活史や生理生態的な特性から考えて、現在の霞ヶ浦の水辺では、アサザの更新可能性はほぼ完全に閉ざされていると考えなければならないであろう。したがって、何も手をうたないならば、霞ヶ浦のアサザは早晩絶滅するはずである。

「水瓶化」の影響として疑われる異変

霞ヶ浦を首都圏の水がめとするための総合開発の一環として、湖全体を囲む護岸が完成し、人工的な水位操作が強化されてからは、ヨシ原の侵食や自生アサザ群落の衰退が目にみえて加速されるようになった。衰退は科学的な調査データでも明瞭に示されている。

旧建設省の土木研究所、NPO法人アサザ基金、そして著者らの研究グループが共同で行った調査によって、水位操作がはじまってから霞ヶ浦に自生するアサザの急速な衰退がはじまったことが明らかにされた。数年間のうちにアサザの群落面積は十分の一以下にまで低下し、水辺の移行帯の衰退がいっそうすすんだのである。

護岸の完成と水位操作との関連が疑われる湖の生態系の異変は、他の面にもあらわれている。一九九〇年代の半ばすぎから、奈良時代以来の伝統を誇る湖の漁業までが壊滅的な状態に陥ったのである。ワカサギなどの漁業上重要な在来魚種の漁獲が激減し、網にかかる魚といえば、南米産のペヘレイやアメリカナマズなど、市場価値のない外来魚ばかりになってしまったのである。

在来魚の産卵場所、生息場所として重要な役割をはたしていた水辺の植生帯が失われたことにくわえ、コンクリート護岸がうちかえす強い波によって湖底の地形が変化したことも、魚類相の激変の一因であると推測されている。岸辺近くが大きな波のエネルギーで深くえぐられて、在来魚の生息にとって重要な植生をいっそう衰退させる一方で、そこでまきあげられた砂が、岸からやや離れた沖合に堆積してマウンド状の湖底地形をつくりだし、外来魚に好適な生息条件をあたえているというのである。

アサザ・プロジェクトが提案する「協働」

このままでは無惨な死にむかって突きすすみかねない湖の生態系を蘇らせようと、一九九五年から、市民が中心となり、旧建設省や学校、市町村などと協働するアサザ・プロジェクトがすすめられてきた。プロジェクトでは、まず、垂直なコンクリート護岸の湖側をアサザ群落でおおうことにとりくんでいる。その狙いは、波を和らげるとともに砂の堆積をうながし、水辺の植生帯再生のための物理的条件をつくりだそうというものである。水面に葉を浮かべるアサザの群落を再生させることで、植生帯全体を再生させるための物理的な条件を確保しようというのが、アサザ・プロジェクトの戦略である。

栄養塩の循環は、未解明な部分の少なくない非常に複雑な過程であるため、効果を正確にみつもることはむずかしいが、かつて、霞ヶ浦の水辺に豊富にみられた沈水植物をふくむ水辺の植生帯全体が再生すれば、「自然の摂理にかなった」水質の改善の効果が期待される。

アサザ・プロジェクトでは、現在の霞ヶ浦では妨げられているアサザの更新を人為的な援助によって可能にするため、アサザの里親というとりくみを実施している。応募したボランティアの里親たちに種子を配布し、発芽させて十分に大きくなるまで養育してもらい、しっかりと成長した株を湖の中に植えるというものである。

このとりくみは、環境白書や建設白書などで、市民と行政とのパートナーシップによる先進的な環境回復の試みとして紹介されているほか、その担い手の一つである「霞ヶ浦・北浦をよくする市民連絡会議（飯島博事務局長）」の功績が評価され、二〇〇〇年三月には、この年に創設された「明日への環境賞」（朝日新聞社）を受賞している。

アサザをどう根付かせるのか

アサザの種子を採取して里親に配布し、栽培してもらうとりくみは、一九九五年に「霞ヶ浦・北浦をよくする市民連絡会議」によってはじめられた。その年の夏、里親たちが育てたアサザの最初の植え付けが行われたが、植えた株のほとんどが十分に根をはる前に波にさらわれてしまったという。

それで、植え付けたアサザがコンクリート護岸に囲まれた湖特有の強い波にさらわれないように、植え付け場所より湖側に、波消しの構造を設置する必要があることがわかった。そのような波消しとして提案されたのが、伝統工法の粗朶沈床《そだちんしょう》の応用である。考案された粗朶の波除けは、丸太で組んだ枠の中に雑木の枝を束ねた粗朶を詰めたもので、波消しの効果だけでなく、魚礁《ぎょしょう》としても役だつ。また、水の交換を妨げることがないので、滞水による水質の悪化の心配もない。

粗朶で保護することによって、アサザが十分な規模の群落を発達することができれば、さらに大きな波消しの効果や堆砂をうながす効果を期待できる。そこで、粗朶の波除けを岸に沿って設け、アサザ群落を復活させ、それによって移行帯の植生全体を復元しようというのが、アサザ・プロジェクトの計画である。

粗朶組合という新しい試み

アサザ・プロジェクトの展開においては、大量の間伐材《かんばつざい》や粗朶が必要となる。原則として、間伐材や粗朶は流域の森林から調達することとしている。植物資源を大量に他の地域から導入すると、それらに付着した微小な生物が地域にもちこまれて、気づかないうちに生物学的侵入の問題をもたらす可能性があるからである。生態系保全の立場からは、生物資源はできるだけ地域内で調達することを原則にしなければならないのである。

流域からの間伐材や粗朶の調達は、湖と水源である森林の両方の保全につながる。現在では、粗朶の波除けの設置は国土交通省の公共事業として実施され、材料の需要もそれにおうじて大きなものとなっている。材料のうち、スギやヒノキの間伐材は流域の森林組合が公共事業の材料として供給することができるので、それによって放置されていた森林にも手がはいるようになった。しかし、粗朶を供給するシステムは、この伝統的な工法がすっかり廃れてしまった今日、流域のどこにも残されていない。

そこでアサザ・プロジェクトでは、粗朶組合をつくって粗朶の供給ルートを確保することにした。粗朶の採取は、湖再生の材料の供給としての意味をもつだけでなく、雑木林の適切な管理と結びつき、流域の生物多様性の保全にも寄与することができる。粗朶をとる雑木林は、かつては薪炭あるいは堆肥《たいひ》用の落ち葉の供給場所であった。しかし、燃料革命と化学肥料の普及によって資源採取の

流域の間伐材を利用して粗朶をつくり（上）、それを波消しとして岸に沿って設置し（中）、そこに子供たちがアサザを植え付ける（下）（写真提供：アサザ基金）。

場としての意義を失い、その大部分が管理されずに放置され、荒廃がすすんでいる。林内にはアズマネザサがびっしりと茂り、他の生き物が利用できる空間がほとんどない。林床に生育できる植物もごくわずかな常緑性のものにかぎられるなど、生物多様性の保全上も深刻な問題が生じていた。

「霞ヶ浦粗朶組合」は、一九九九年の秋にアサザ・プロジェクトに参加しているさまざまな業種の人たちによって結成された。それはたんに経済活動を目的とした企業ではなく、粗朶を採取して湖の再生工事に出荷することを通じて、生物多様性の保全にとって好ましい森林管理を実施することを目標としている。その業務規則には、「森林の管理を実施するさいは、事前に調査を行い、森林の状況をふまえたうえで、生物多様性の保全に配慮した適正な管理を実施するように努める」という条項が明記されている。このような粗朶組合は、環境保全という高い理念にもとづく自発的活動、企業体としての利潤追求、さまざまな経験をもつ人々の交流の場などの多様な意義をもち、これまでに例をみない新しいタイプの事業体となっている。

同組合は、毎年新たに一〇〇ヘクタールの森林を管理することを目標として、活発に活動をすすめている。二〇〇一年に霞ヶ浦の植生保全の緊急対策がはじまると、粗朶の需要が大きくなり、年間二〇〇ヘクタールの森林管理が次なる目標となってきた。

また、ボランティアのうけいれとタイアップしたグリーン・ツーリズムや、林からとれる材料に加工を施して新しい林産品をつくることなどにも積極的にとりくんでいる。この計画が実現すれば、流域全体に目をむけ、たんなるボランティア活動や行政のとりくみだけでは十分にこなしきれない規模の森林管理が現実のものとなる。

また、粗朶組合による雑木林の管理と粗朶採取においては、資源としての粗朶を効率的に採取するという短期的な利潤追求よりも、環境、とりわけ「生物多様性保全」への寄与を優先させている。それは、短期的な利便性や利益よりも、長期的な持続可能性を重視する「生態系管理」の思想（第五章）にもとづくものである。

豊富な環境教育の機会

アサザ・プロジェクトは、これまで行政だけで実施されてきた環境保全策とは異なり、市民の視点を活かした環境再生のためのプロジェクトである。アサザを種子から育てて植え、それをまもるための粗朶を調達することには、子どもも大人も参加することができる。また、従来のコンクリートと鉄にたよる「硬い」公共事業に対し、再生可能な植物資源を活かす「柔らかい」公共事業として、環境保全にとりくむ人々のネットワークを、湖とその流域全体に広くはりめぐらせることができる。

アサザ・プロジェクトには現在、霞ヶ浦周辺のほとんどの小学校が参加している。アサザ・プロジェクトには、新しい教育課程の目玉とされている「総合的学習」の素材がふんだんにふくまれている。アサザ・プロジェクトに参加している市民は、学習の指導者や援助者の役割を買ってでることや、地域のビオトープ（生物群の生息できる条件をもつ場所）や学校ビオトープの計画・施行・管理を通じて、新たな学習の基盤づくりに貢献している。アサザ・プロジェクトが流域にはりめぐらせることを計画しているビオトープ・ネットワークは、生物多様性の保全やモニタリングの拠点として役だつと同時に、学校内外での環境教育の場としても大きな役割をはたすことが期待されている。

霞ヶ浦の付け根にある潮来《いたこ》市につくられたビオトープ、水郷トンボ公園は、環境教育の場として機能しているほか、霞ヶ浦の絶滅危惧植物の緊急避難場所としても重要な役割をはたしている。一

（上）は、牛堀町立八代小学校でのアサザとトンボの授業を行う後藤 章さん（NPO法人アサザ基金環境教育推進部）。（下）は、豊郷小学校でのアサザ植え付け指導をする飯島 博さん（NPO法人アサザ基金理事長）（写真提供：アサザ基金）。

方、霞ヶ浦北岸の石岡市では、オニバスをはじめとする絶滅危惧植物を休耕田で栽培しながら、都市河川の水質を改善する試みがはじめられている。流域の幼稚園でも、ビオトープ池を活用した生き物とのふれあいの機会がつくられ、園児たちがトンボの観察に熱中しているという。

今の子どもたちは、野生の動植物と接する機会をもてなくなっている。動植物といえば、園芸植物とペットしか知らない子どもたちが増えている。地域や学校や幼稚園のビオトープ池は、そんな子どもたちと野生の植物やトンボがふれあう貴重な空間になっているようだ。そこは、小学生や中学生が環境について学び、調べる学習の場にもなっている。

湖とヒトの未来をつくる協働

霞ヶ浦では、湖の生態系を蘇らせるための市民、行政、企業、研究者の協働という、かつてなかった新しいかたちのプロジェクトが着実に発展しはじめている。

湖岸植生の回復事業においては、どのような手順で湖岸とその植生を復元していくのか、あるいは、どのようにその効果をモニタリングするのかについて、河川工学、海岸工学、保全生態学などのさまざまな専門の研究者が、市民の代表や行政の担当者をまじえて活発な議論をかわしながら知恵をしぼりつつある。

健全性を損なわれた湖の生態系を、生物多様性にも配慮しながら湖岸植生を復元することで回復させる試みは、世界的にみても先駆的なものである。順応的なとりくみとして慎重に着実にすすめていくことだけが成功への途である。

霞ヶ浦のかつての生態系がどのようなものであったかを正確に理解することは、そのための重要な前提となる。また、湖の生態系の現状や隠された自然の資源などを適切に評価することも必要である。復元事業で人がくわえるさまざまな干渉が、湖の生態系におよぼす影響を予測しながら事をすすめなければならない。そこには、さまざまな「風土の」科学の発展の契機がふくまれている。それは、生態学にとっては、生態系レベルでの実験としての貴重な機会でもあるという意味もある。

多様なバックグラウンドをもつ研究者と、生産活動や生活の中で培われた多様な経験や知識をもった地元の人々の知恵を集めることで、生態系の復元が可能になる。これまでさまざまな場で別々に働いていた人々が協働の環にくわわるたびに、プロジェクトは強力なものとなっていくだろう。最近では、アサザ・プロジェクトをみずからの人生の重要な部分に位置づけようという若者たちの参加もめだつようになり、その可能性はいっそう大きくなっている。

数年後、数十年後、湖には、どのような自然が蘇っているだろうか。生態系にかんする私たちの理解は、どこまで深まっているだろうか。プロジェクトの担い手として、どのような人々が参加しているだろうか。

むずかしい環境問題の数々に圧倒され、未来について想像をめぐらすことがひところはとても恐ろしかった。しかし、今はそうではない。生態系が蘇る日を、たしかに心に描くことができるからである。

終章 生態系が切りひらく未来

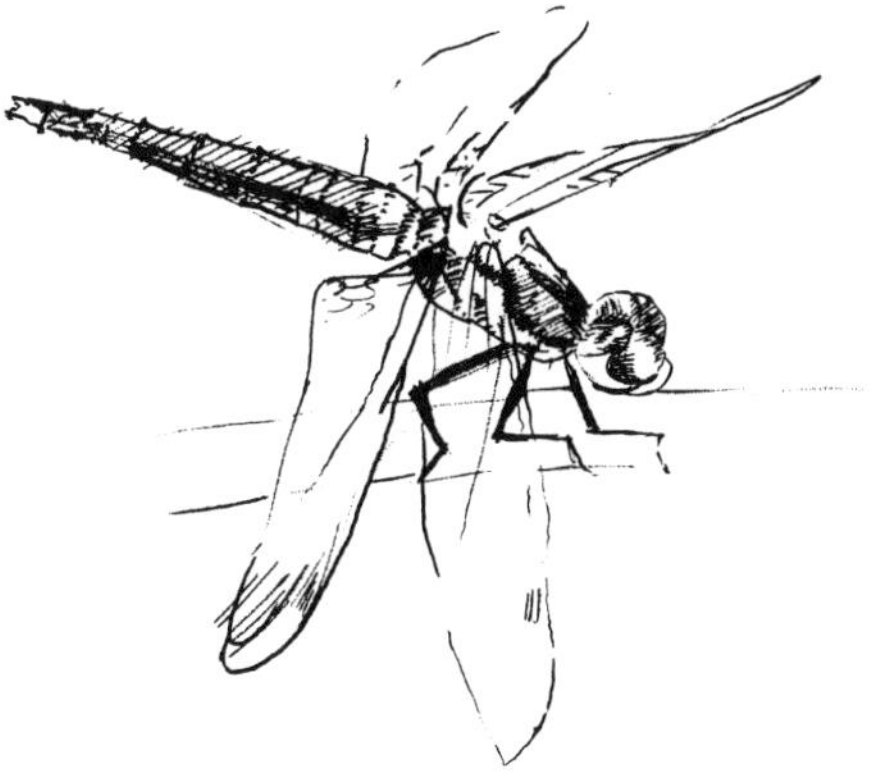

身近な昆虫の代表選手、トンボ

日本列島の自然はなぜ豊かなのか

日本列島は、ユーラシア東の大陸プレートと海洋プレートのぶつかりあう位置に発達した島弧である。その生態系は、島弧火山帯特有の地形・地質・気候、その環境に適応した生物とその活動、それに、旧石器時代以来ここに住み着いたヒトの活動などが、複雑に絡まりあいながらつくりあげたものである。それは、モンスーン気候、多くの火山を擁する山がちな国土、その風土ゆえに発達した文化などの相互作用の結果であるといえる。

日本列島の豊かな自然と生物の多様性は、

(1)南北に長く、亜熱帯から亜寒帯までの気候帯が存在し、標高の高い山には高山ツンドラがみられるといった、気候的にみた広域的な環境の多様性

(2)火山活動と活発な浸食堆積作用による地形・地質・水文からみた地域環境のモザイク的多様性

(3)最終氷河の影響が少なかったことによる古い生物相の温存

などの条件にくわえて、

(4)火山の多い山がちな国土における、火山の噴火による泥流や野火の発生、地震による地滑り、モンスーン気候と急流河川ゆえの夏季の大雨や台風にともなう氾濫《はんらん》など、多様なタイプの自然の撹乱によってもたらされたものである。とくに、さまざまなタイプの自然の撹乱に適応した生物群が存在していたことは、農耕生活がはじまり、ヒトの干渉が大きく作

用するようになると、ヒトの生活域に豊かな自然を維持するうえで重要な意味をもつようになった。少なくともヒトの足跡が明らかなこの数千年のあいだ、列島で暮らす人々は、野山を焼いて畑をつくり、水を治めて田をひろげ、木や草をとって肥料・燃料・建材とし、川や湖で魚をとることによって、その暮らしを営んできた。その営みの中で、若干の生物種は絶滅を、またある種の動植物は生活空間の縮小を余儀なくされた。

しかしその一方で、生活の場をひろげた動植物も少なくなかった。それは、火山の噴火による泥流や野火の発生、地震による地滑り、河川の氾濫など、日本列島の自然に特有な「攪乱」に適応することで、伐る、刈る、焼くなどのヒトの干渉にあらかじめ適応していた生き物たちである。伐られても、切り株から新しい幹をのばして再生する木。焼かれ、刈られても季節とともに蘇る青草。それらの葉を選んで餌にする蝶などの昆虫。林と草原と水辺を行き来して餌をとる鳥や獣。ヒトが利用し管理する草原や雑木林や水辺は、多様な動植物の暮らしの場となった。一方でトンボなどのウェットランドの生き物は、水田やため池にも広大な生活の場をみいだすようになった。

新石器時代以来、あるいは旧石器時代からの列島でのヒトの営みは、生態系にさまざまな影響をあたえてきた。しかし、「生物多様性」やヒトの生存基盤としての「生態系の健全性」を根底から損なうようなものではなかった。それは、日本列島にはもともと自然の攪乱によく「馴染んだ」動植物が豊富であったことや、伝統的な耕作が行われていた水田やため池が、多くの生物に自然の池沼に代わる質の高い生活の場を提供していたことによる。

そのため、人々の暮らしの場には、つい最近まで、四季折々その姿をかえて心を慰め、有形・無形の恵みをふんだんにあたえてくれる豊かな「ふるさとの自然」があった。それは、ヒトの干渉をうけることで持続する自然である。そのような豊かな自然は、ヒトの干渉による撹乱が、その地域の原生自然における自然の撹乱のタイプや規模や頻度から大きく逸脱するものでないときにかぎって成立し、持続することが可能である。そしてその基礎となっているのは、さまざまな自然の撹乱が卓越する日本列島の本来の自然の豊かさである。

山や川や湖からなる風景は山紫水明、海岸は白砂青松とたたえられたように、ふるさとの風景はあくまでも美しく、はなれて想えば深い愁いを誘うものであった。おびただしい種類の動植物がヒトと生活の場をともにしながら生きていた。子どもたちは、それらを遊び相手にしながら育ち、心身をのびやかに鍛えていくことができた。

そのような風土の中で、人々は、手紙をしたためるときには季節にふさわしい花、鳥、虫、風、月をひいて時候の挨拶とし、俳句に季語を詠みこみ、花見、蛍狩り、紅葉狩りなどを年中行事として楽しむ、季節感に彩られた独特の文化を築きあげた。一方で、その文化の中には、水や山や風や雲のささいな異変をもみのがさず、日ごろから自然の災害にそなえる知恵が結晶していた。

草木、落ち葉などの植物資源の利用においては、季節がふたたびめぐりくるときすべてが蘇るように、心を配り、節度をもって利用する知恵が生きていた。それは、列島の自然の厳しさとおりあい、豊かさを無駄に費やさず、その趣と美しさにこまやかに軽やかに心遊ばせる文化でもあったといえるであろう。

崩壊する日本の自然環境

ところが、四〇年ほど前から、事情が一変した。明治維新にはじまったであろう自然からの人々の営みの乖離は決定的なものとなり、おいうちをかけるように高度経済成長期やバブル経済期のさまざまなタイプの開発が、ふるさとの風景と動植物の生きる場を奪った。

その結果、かつて生活域にふつうにみられた動植物が絶滅危惧種となった。秋の七草のフジバカマやキキョウ、メダカ、ハマグリなどである。とくに水辺の開発がもたらした変化はいちじるしく、アサザなどの日本の水草は、その三分の一が絶滅の危険にさらされるまでになっている。絶滅は、水草の主な生活の場である、水と陸をゆるやかな勾配でつなぐ水辺の移行帯の植生が、垂直な人工護岸の築造によって大幅に失われたことと無関係ではない（第八章参照）。

それは、河川や農耕地の利用・管理において、西欧からとりいれた近代技術を過信し、伝統的な技術を軽んじた結果であるということもできる。長い時間をかけて経験をつみかさねることで、地域の自然特性にあうように築かれてきた技術、あるいは自然の厳しい面とむかいあううえでの心構えと知恵などを軽視したことのツケが、今になってあらわれはじめている。

現在では、生態系の健全性が損なわれていることを示す異変がめだつ。琵琶湖でも霞ヶ浦でも、古来脈々と営まれつづけてきた漁業が崩壊しそうになっている。湖や川では、リンや窒素の濃度がそれほど高くないにもかかわらず、特定のプランクトンの異常増殖が起こるようになっている。外来魚ですら変動が大きく、年によって優占する魚種やプランクトンが大きく交代する。陸でも多くの在来種が衰退する一方で、外来種や一部の在来種が急激に増加するなどの現象が、あちらでもこちらでもめだつ。それらの異変は、現在の日本列島の生態系が概して不安定な状態におかれていることを示す徴である。

この現状がそのまま続いたとして、将来の世代は、自然の恵みを十分に享受しながら、この列島で豊かな生活を営むことができるのだろうか。また、特有の季節感に彩られた固有の文化は継承されていくのだろうか。いずれも、はなはだ心もとないといわなければならない。今、自然の変化を敏感に感じとることのできる誰しもが強く望んでいることは、ここしばらく続いてきた「危険な方向」から舵《かじ》を大きく切り、より安全な方向に舳先《へさき》を変えることである。安全な方向とは、長い歴史の中ですでに試された伝統的なものを、新たなかたちで生かすような方向のことである。

孫や曾孫や玄孫の幸せと、日本列島の風土に育まれた文化の継承を望むのであれば、「積極的な自然環境の保全・復元」という目標がきわめて重要な意味をもつであろう。今ならまだ、失われたふるさとをとり戻すことができるかもしれない。とり戻すべき豊かなふるさとの自然の記憶は、人々の中に鮮明に残されているし、必要な材料、条件、技術などもまだ完全に失われたわけではない。しかし、残されているものを確実に残し、失われたものを可能なかぎりとり戻す努力は、手遅れにならないうちに、今すぐにでもはじめなければならない。ここ数年から十数年のあいだに、自然の衰退はいっそう加速されるからである。

日本の生態系をどう蘇らせるのか

「ふるさとの自然と健全な生態系の、積極的な保全と復元」という目標は、広く協働によって担われることなしには実現しない。市民だけ、行政だけ、あるいは「住民参加で多少強化された行政」ていどのものでは、とうてい担いきれない。広範で、しかも実効ある強力なとりくみが必要とされるからである。

協働とは、あるていどまで目標を共有する個人や組織が、立場や経験などの違いを超えてともに実践にとりくみ、また協力しあうことを通じてたがいに学びあい、目標の実現に近づいていくことをいう。その意味では、第八章で紹介したように、「自然環境の保全・復元」のための市民提案型の公共事業をふくむアサザ・プロジェクトが、霞ヶ浦で確実な一歩をふみだしたことの意義は大きい。

保全や復元をふくめて、生態系にかかわりのあるすべてのとりくみは、順応的にすすめなければならない。ヒトと多様な動植物と環境のあいだの膨大な関係性からなる生態系は、非常に複雑で、予測のむずかしい対象だからである。このように不確実性の高い対象をあつかうには、第一に、かかわりのある人々のあいだの十分な情報の共有が必要である。情報の共有を通じて対象とする生態系の科学的、客観的な理解をともに深めることができれば、多様な主体のあいだの合意の形成も容易となる。また合意された計画にもとづく事業を実施するさいには、対象と効果をつねに監視して評価し、それをふたたび計画にフィードバックさせることが必要である。そのような段階を確実にくりかえしながら、慎重に、また柔軟に事を運ぶのが、「順応的管理」の手法である。それは、「為すことによってともに学ぶ」プロセスであるともいえる。

実は、近代化以前の河川管理においても、すでにそのような順応的な手法がとりいれられていたらしい。江戸時代には、百姓たちが自分たちで管理している用水などで、それまでの慣行にはない新たなことがらをとりいれるにあたっては、「見試し三年」あるいは「見試し五年」という試行期間を設けるのがつねであったという。

協働によって、ふるさとの自然と健全な生態系をとり戻すことができれば、私たちの理解は格段に深まっているはずである。同時に、四季ある厳しくも豊かな自然に根づくこの国の文化は、いっそうの深みと広がりを増しているに違いない。また、そこで培われた経験は、東アジアの他の国々の人々が同じように自然環境の保全と復元を必要と判断したときにも、かならず役にたつものである。

しかし、現状がそれほど楽観を許すものではないことも確かである。かつて生活域でふつうにみられた動植物の多くが絶滅の危険にさらされているだけでなく、今ではそれといれかわるように、多種多様な外来生物が国土に蔓延している。生物学的インベーダーの問題は別の書にゆずることにして、本書ではほとんどとりあげなかった。本書に多少とも記すことができたのは、日本列島における現在の生態系の相当な不健全さからすれば、氷山のほんの一角にすぎない。

このまま日本列島固有の自然を後の世代に伝えることができるだろうかと危機感をつのらせているのは、研究者だけではない。今では多くのナチュラリストや市民が同じ思いを抱いている。一方で、地球環境のさまざまな問題の解決も先送りにできない深刻さを増しており、いっそう広範な関心を集めているのは、周知のとおりである。

地域から地球にいたる生態系の現状を直視するならば、二一世紀の前半は、地球規模でも地域においても、生態系の保全、復元、機能修復に社会をあげてとりくまなければならないだろう。そして、伝統的なものをみなおしつつ、できるだけ生態系を損なわないライフスタイルや、復元・機能修復に役だつ科学技術を確立することをめざす必要があるだろう。そのような課題と矛盾することのない「経済成長」であればよいのだが、二〇世紀にさまざまな悪弊や環境への重大な負荷を産んだ「浪費をともなう経済成長」は、これからはなんとしても避けなければならない。すでに疲弊しきった生態系をそのままにして、同じ失敗をくりかえす余裕はないからである。

未来を切りひらく三種の神器

ＩＴは、たしかにこれまでわたしたちが想像もしなかったような恩恵をもたらしてくれるかもしれない。しかし、そこから自然の恵みの代替物や生態系のサービスに変わるものが生みだされるとは期待できない。自然の恵みは、いつの時代にも人類の生産と生活の基本である。今さらここで述べる必要のないことかも知れないが、安全な食べ物と飲み水なしには、ヒトという哺乳動物である私たちは、一、二週間ていど生きるのがせいぜいである。霞を食べて生きていけるという仙人とはちがい、ヒトはITのつくりだす幻影だけを食べて生きていくことはできない。自然の恵みを提供する生態系を健全な状態にたもつことは、私たちの生活、生産などのあらゆる活動だけでなく、生存そのものにとっても本質的な重要性をもっている。

グローバリゼーション、地球規模での均質化は、生き物や生態系にかんするかぎりでは大変困った問題である。先にもふれた生物学的インベーダーによって、地球の生物相の均質化が急速に進行している。そのような均質化に抗し、地域に固有な自然、生物相、それとかかわりの深い文化などを積極的に維持することなしには、地域の健全な生態系を維持することはできない。固有性、すなわちその場所に特異的にみられるものは、歴史のかけがえのない産物としても高い価値をもっている。

生態系の保全、復元、機能回復などのための生態系管理を順応的な手法で計画し、実践していくことは、地域における健全な雇用の創出にもつながるはずである。また、とり戻された生態系が提供する豊かな自然の恵みを、地域の人々と地域外の人々がともに享受するネットワークづくりが成功すれば、それは、地域の経済が健全性をとり戻すことにもつながるであろう。

複雑で不確実性の高い生態系という対象に対して、計画や管理を云々するのは「知的驕慢《きょうまん》」ではないかという見方があるかもしれない。たしかに、硬直した計画・管理であれば、そのような見方にも一理あるかもしれない。しかし、伝統的な知恵である「見試し」あるいは順応的管理という手法をとりいれ、慎重に事を運ぶことによって、謙虚に自然から学び、よりよい方向を探るプロセスにできるはずである。

人間活動によっていったん大きく変化させられた生態系を、自然のままにまかせて放置すればヒトにとって望ましい平衡状態に落ち着く、という楽観論には根拠がない。第二章で述べたように、現代の生態学は、安易な調和・平衡論を慰めとすることを戒める。私たち、そして将来の世代が必要とするさまざまな自然の恵みを過不足なく提供してくれる健全な生態系をとり戻すためには、多くの場合、適切な管理が必要である。

そのような実践において、必要とされるのは競争ではなく、協働である。いくら優れた知性の持ち主であろうとも、個人あるいは一部のグループで複雑な生態系の問題のすべてを理解し、それを技術的な面をもふくめて解決しようとするのは不可能である。それは、異なる知性、感性、技能をもつ多様な主体が協働することによって、はじめて可能になるものであるといえる。ともに働くことは、太古の昔から人々にとって、必要な物資を必要なだけ入手するために必須であっただけでなく、それはこよなき楽しみでもあったにちがいない。アリー効果（個体が集合することが適応度に寄与する効果）は、心を発達させた動物であるヒトに、協働を楽しいと思う心を進化させたと考えるのが自然であろう。

市場主義で重きをおかれるのは私利私欲であるが、持続可能性を保障するための活動や事業へと人々をつき動かすのは、私利私欲ではなく、モラルや高い志である。そしてそれを情動の面から支えるのは、子や孫に苦労をさせたくない、少なくとも私たちと同じような自然の恵みを享受できるようにしてやりたいという、人としてきわめて自然な感情である。子や孫への愛情は、適応進化がヒトに贈った素晴らしい贈り物である。親が子を大切にする家系、祖父母が孫を大切にする家系は、そうでない家系にくらべて、その系統を維持するうえで有利なはずである。ヒトの進化の時間の大部分を占める狩猟採集時代には、幼い子どもの死亡率は相当高いものであった。そのような状況では、幼い子どもを家族が大切にする気もちは適応的なものであったはずである。その優しさの対象を、曾孫や玄孫に、さらにその先の子孫にまでひろげることは、それほどむずかしいことではないであろう。

何度もくりかえし述べたことであるが、二一世紀には、地球や地域にかんするむずかしい環境問題を解決していかなければならない。その試練の中では、いずれもヒトという種における適応進化のたまものである、「ヒト特有の知性」「子孫を思う心」「協働を楽しみとする心」が明るい未来を切りひらく三種の神器となるのではないかと思う。

主要参考文献

全体を通じて

鷲谷いづみ（1999）：生物保全の生態学、共立出版

鷲谷いづみ・矢原徹一（1996）：保全生態学入門、文一総合出版

Hunter M. L.（1996）：*Fundamentals of Conservation Biology*. Blackwell Science

Dadson S.I. et al.（1998）：*Ecology*. Oxford University Press.

序章

Cincotta R.P. and Engelman R.（2000）：*Nature's Place: Human population and the future of biological diversity*. Population Action International. Washington.

ジュリエット・B・ショア（森岡孝二監訳）（2000）：浪費するアメリカ人、岩波書店

The IUCN Species Survival Commission（2000）：*IUCN Red List of Threatened Species*, IUCN

第1章

Flenley JR. & King SM（1984）：Late quaternary pollen records from Easter Island. *Nature* 307：47–50

秋山智英（1990）：森よ、よみがえれ　足尾銅山の教訓と緑化作戦、農文協

第2章

Crawley M. J.（ed.）（1997）：*Plant Ecology*. 2nd ed. Blackwell Science.

Langston N.E.（1998）People and Nature 26–76. In Dadson S.I. et al. *Ecology*. Oxford University Press.

第3章

Darwin C.（1859）：*On the Origin of Species*. John Murray, London.

Howe H.F. & Westley L. C.（1988）：*Ecological Relationships of Plants and Animals*. Oxford University Press

鷲谷いづみ（1998）：サクラソウの目　保全生態学とは何か、地人書館

第4章
Franklin J. E. et al. (2000)：Threads of community. *Conservation Biology in Practice* 9–16.
Pickett S. T. A. and White P. S. (eds.) (1985)：*The ecology of natural disturbance and patch dynamics*. Academic Press. New York.

第5章
Christensen N.L. Bartuska A.M., Brown J.H., Carpenter S., D' Antonio C., Francis R., Franklin J. F., MacMahon J.A., Noss R.F., Parsons D.J., Peterson C.H., Turner M.G. & Woodmansee R.G. (1996)：The report of the ecological society of American commitee on the scientific basis for ecosystem management. *Ecological Applications*, 6：665–691.
Costanza R., Mageau M., Norton B. & Pattern B.C. (1998)：Social decision making. In Rapport D. , Constanza, R., Epstein, P.R., Gaudet C. & Levins R. (eds.) *Ecosystem Health*. Blackwell Science, Inc. London.
Grumbine R.E. (1994)：What is ecosystem management? *Conservation Biology* 8：27–38.
Wilcove E.S. and Blair R.B. (1995)：The Ecosystem Management bandwagon. *Trends in Ecology and Evolution* 10：345.

第6章
Collier M., Webb R.H. & Schmidt C. (1996)：Dams and Rivers：A primer on the downstream effects of dams. *U.S. Geological Survey Circular* 1126, Tucson, Arizona.
US department of the Interior. Bureau of Reclamation (1995)：*Operation of Glen Canyon Dam: Final Environment Impact Statement*.
US department of the Interior Grand Canyon Monitoring and Research Center (1998)：*Development of monitoring and research programming for the Grand Canyon Monitoring and*

Research Center. Briefing document.
Walters C. (1997) : Challenges in adaptive management to riparian and coastal ecosystems. *Conservation Ecology* [online] 1 (2) : 1
Yaffee S. L. & Mondolleck J. M. (2000) : Making collaboration work. *Conservation Biology in Practice* 1 : 17-25

第7章

Wynne G. (1998) : Conservation policy and politics. W. J. Sustherlanc ed. *Conservation Science and Action*. 256-285.

第8章

鷲谷いづみ・飯島博（編）(1999)：よみがえれアサザ咲く水辺　霞ヶ浦からの挑戦、文一総合出版
鷲谷徹（2001)：雇用危機の時代における雇用創出の可能性～政策と事例研究、労働科学　77：1～6

あとがき

春もたけなわ、ようやくスギ花粉の呪縛から解き放たれる季節がやってきた。それにしてもこのシーズンは散々であった。しかもスギの花粉症に苦しんでいるのは私だけではない。研究室でも、地下鉄に乗っても、ざっとみて二割から三割ぐらいの人が花粉症に苦しんでいるのがわかる。毎年くりかえされる、花粉症による集団的な思考力の低下などがもたらす社会的損失はきわめて大きなものだろう。

花粉症はまさに、不健全な生態系がもたらす病である。本来多様な機能をもつべき森林が成立するところを、用材の生産という経済的な目的だけに資する単一樹種の植林地におきかえた。そのため、落葉樹林を生活の場とする多くの動植物が棲む場所を失った。生物多様性と同時に健全さを失った生態系がもたらしたのが、大量のスギ花粉飛散による人々のアレルギー症状である。

日本列島の健全な生態系を蘇らせ、人々の健康をとり戻すためには、すでに経済性の低くなってしまったスギやヒノキの植林地を伐採して、それぞれの土地にあった植物相豊かな落葉広葉樹林に戻すことがぜひとも必要である。それは「生物多様性の保全」と「健全な生態系の持続」という目標の実現にとってきわめて有効な政策である。本書の中ではふれなかったが、花粉症は、生態系の健全性が私たちの心身の健康にとって重要な意味をもっていることを明瞭なかたちで示しているともいえる。

生態系とその再生にかんする書物を三、四年前ころから構想しながらなかなか筆がすすまなかった。伝えたいことが多すぎて整理がつかないうえ、気負いも大きすぎた。しかし、身のまわりで実際に自然の復元のプロジェクトがすすみはじめると、自然に筆が運ぶようになった。また、生態系保全にかんして保全生態学の立場からの発言をもとめられる機会が増えてくると、花粉症のせいで頭の中にかかったもやもやとした霧がしだいに晴れるかのように、記述の道筋がはっきりしてきた。とはいっても、途中で大幅な書き直しが必要になるなど、相当の紆余曲折をへて、ようやく本書はここに最終的な姿を整えることができた。的確な批判とアドバイスにより、ここまでの道のりを導いてくれたNHK出版の石浜哲士氏に心よりお礼を申し上げたい。

鷲谷いづみ

二〇〇一年四月　蓬萊町にて

鷲谷いずみ――わしたに・いずみ

●1950年、東京生まれ。東京大学理学部卒業、東京大学大学院理学系研究科修了。理学博士。筑波大学助教授、東京大学教授、中央大学教授を歴任。現在、東京大学名誉教授。専門は植物生態学・保全生態学。
●著書には『保全生態学入門――遺伝子から景観まで』（共著・文一総合出版）『生態保全の生態学』（共立出版）『サクラソウの目――保全生態学とは何か』（地人書館）『よみがえれアサザ咲く水辺～霞ヶ浦からの挑戦』（共編著、文一総合出版）『オオブタクサ、闘う――競争と適応の生態学』（平凡社）『日本の帰化生物』（共著、保育社）『マルハナバチハンドブック』（共著、文一総合出版）『動物と植物の利用しあう関係』（共編著、平凡社）『里山の環境学』（共編著、東京大学出版会）『タネはどこからきたか？』（共著、山と渓谷社）『自然再生』（中央公論新社）『地球環境と保全生物学』（共著）『にっぽん自然再生紀行』（以上、岩波書店）などがある。

NHKブックス［916］

生態系を蘇らせる

2001年5月30日　第1刷発行
2022年5月15日　第8刷発行

著　者　鷲谷いづみ

発行者　土井成紀

発行所　NHK出版

東京都渋谷区宇田川町41-1　郵便番号150-8081
電話　0570-009-321（問い合わせ）　0570-000-321（注文）
ホームページ　https://www.nhk-book.co.jp
振替 00110-1-49701

［印刷］三秀舎　［製本］三森製本所　［装幀］倉田明典

落丁本・乱丁本はお取り替えいたします。
定価はカバーに表示してあります。

ISBN978-4-14-001916-0 C1345

NHK BOOKS

＊社会

嗤う日本の「ナショナリズム」　北田暁大
社会学入門―〈多元化する時代〉をどう捉えるか―　稲葉振一郎
ウェブ社会の思想―〈遍在する私〉をどう生きるか―　鈴木謙介
新版　データで読む家族問題　湯沢雍彦／宮本みち子
現代日本の転機―「自由」と「安定」のジレンマ―　高原基彰
希望論―2010年代の文化と社会―　宇野常寛・濱野智史
団地の空間政治学　原　武史
図説　日本のメディア［新版］―伝統メディアはネットでどう変わるか―　藤竹　暁／竹下俊郎
ウェブ社会のゆくえ―〈多孔化〉した現実のなかで―　鈴木謙介
情報社会の情念―クリエイティブの条件を問う―　黒瀬陽平
未来をつくる権利―社会問題を読み解く6つの講義―　荻上チキ
新東京風景論―箱化する都市、衰退する街―　三浦　展
日本人の行動パターン　ルース・ベネディクト
「就活」と日本社会―平等幻想を超えて―　常見陽平
現代日本人の意識構造［第九版］　NHK放送文化研究所 編

＊教育・心理・福祉

不登校という生き方―教育の多様化と子どもの権利―　奥地圭子
身体感覚を取り戻す―腰・ハラ文化の再生―　斎藤　孝
子どもに伝えたい〈三つの力〉―生きる力を鍛える―　斎藤　孝
フロイト―その自我の軌跡―　小此木啓吾
孤独であるためのレッスン　諸富祥彦
内臓が生みだす心　西原克成
母は娘の人生を支配する―なぜ「母殺し」は難しいのか―　斎藤　環
福祉の思想　糸賀一雄
アドラー　人生を生き抜く心理学　岸見一郎
「人間国家」への改革―参加保障型の福祉社会をつくる―　神野直彦

※在庫品切れの際はご容赦下さい。

NHK BOOKS

＊文学・古典・言語・芸術